刘夏米◎著

儿童情绪管理

控制好**情绪**，
再多**困难**也不怕

天津出版传媒集团
天津科学技术出版社

图书在版编目（CIP）数据

儿童情绪管理 / 刘夏米著. -- 天津 : 天津科学技术出版社, 2023.3

ISBN 978-7-5742-0895-7

Ⅰ. ①儿… Ⅱ. ①刘… Ⅲ. ①情绪－自我控制－儿童读物 Ⅳ. ①B842.6-49

中国国家版本馆CIP数据核字(2023)第034057号

儿童情绪管理

ERTONG QINGXU GUANLI

责任编辑：滑小愚

出　　版：天津出版传媒集团
天津科学技术出版社

地　　址：天津市西康路35号

邮　　编：300051

电　　话：（022）23107822

网　　址：www.tjkjcbs.com.cn

发　　行：新华书店经销

印　　刷：唐山市铭诚印刷有限公司

开本 880×1230　1/32　印张 5　字数 95 000

2023年3月第1版第1次印刷

定价：36.00元

寄语
SEND WORD

你好，很高兴认识你，你今天感觉怎么样?

你是否注意到，情绪每时每刻都在影响着你的言行：当你兴奋时，你可能会大叫着跳起来；当你愤怒时，你可能会摔东西；当你伤心时，你可能会流眼泪；当你感到孤单时，你可能会找朋友一起玩……

很多时候，由于没有控制好情绪，我们会说一些伤人的话，做一些令自己后悔的事。这会导致我们与同学相处不融洽，与朋友产生矛盾，给父母带来麻烦……

实际上，无论是大人还是孩子，都会有情绪失控方面的困扰，我们要做的就是学习一些情绪管理技能，从而安全、健康地疏解情绪。

情绪管理不是压抑你的情绪，更不是禁止你发脾气，而是让你掌控自己的情绪，教你在不伤害自己与他人的情况下，可以选择最恰当的方式，灵活处理生活与学习中遇到的问题。学会管理自己的情绪，能让我们更好地与自己、他人和世界和解。

本书的主人公米乐是一名小学生，她在生活与学习中因为要应对一些事情而出现种种情绪，这些情绪令她措手不及。但是在处理这些事情的过程中，米乐渐渐地掌握了一些情绪管理技能，学会了对自己的情绪负责。

希望这本书能帮助你更好地了解自己的想法和感受，知道什么能使你放松，从而帮助你找到合适的方式来疏解紧张、焦虑、愤怒、委屈、恐惧等情绪。当然，最重要的是，读过本书之后一定要付诸实践，并一直坚持下去。每一项技能都需要持之以恒的练习，那样我们才能够运用自如，情绪管理技能同样如此。

最后，衷心地希望你能管理好自己的情绪，而不是被情绪随意摆布，希望你能正视自己的情绪并巧妙处理，从容地应对人生中的挑战。

目录 CONTENTS

第一章

一起来认识情绪吧

为什么我会有情绪 // 002

情绪有好坏之分吗 // 006

互动游戏：情绪小记者 // 011

第二章

管理你的日常情绪

单独在一个房间睡觉，好害怕 // 014

糟糕！被爸爸妈妈误会了 // 018

爸爸妈妈的期待让我压力很大 // 022

谎言被揭穿了，好羞愧 // 026

为什么一遇到事情就爱发脾气 // 032

天哪！我犯了个错 // 036

遭到嘲笑很难受 // 040

第三章

快走开！负面小情绪

我的快乐由我做主 // 044

为什么好事轮不到我 // 048

发泄悲伤会让我心情变好 // 052

哎呀！不行，我做不到 // 056

勇敢点儿，没有什么可怕的 // 060

怎么办？这事肯定要泡汤了 // 064

第四章

社交情绪知多少

朋友借东西不还，我要怎么说 // 070

朋友不遵守约定，我很生气 // 074

发现朋友说自己坏话怎么办 // 078

不合理的要求可以拒绝吗 // 082

被怀疑偷东西，我太冤枉了 // 086

游戏中被同伴嫌弃了怎么办 // 090

与朋友发生口角要怎么解决 // 094

第五章

安放你的学习小情绪

上课总是分心，无法专注 // 100

没听懂，怕丢面子不敢提问 // 105

学习计划半途而废，有挫败感 // 109

考试前坐立不安，紧张焦虑 // 114

考试成绩不理想，懊悔难受 // 119

我永远也学不会，还是不学了 // 123

第六章

应对突发事件的情绪

要离开家参加夏令营，好忐忑 // 128

看到有人插队，要指出来吗 // 133

说好的假期旅游取消了，失望 // 138

小狗狗离开了，我好伤心 // 142

附录　深呼吸小游戏 // 147

第一章

一起来认识情绪吧

为什么我会有情绪

今天是米乐心心念念的“六一儿童节”，早在一个月前，米乐就已经想好了今天要怎么过——去游乐场玩一整天。

早上，米乐比平时起得更早，妈妈还在厨房做饭，米乐就开始收拾起了自己的背包，装上了水杯、水果、面包、纸巾等。

吃完早饭，米乐一家三口就开开心心地出发了。路上没有堵车，他们很顺利地到达了游乐场门口。

米乐兴奋地跳来跳去，突然她感觉胳膊上有一点儿温热，低头一看，发现胳膊上有一摊鸟屎。米乐赶紧扭过头，把胳膊伸得远远的，皱着眉头让爸爸帮忙把鸟屎清理掉。爸爸妈妈因为这突如其来的场面笑得合不拢嘴。

“哎呀，真讨厌！”等爸爸清理完鸟屎，米乐才发出了抱怨。

爸爸耐心地说道：“爸爸知道你有情绪，你现在很不开心，因为你胳膊上沾到了鸟屎，你觉得恶心。这种情绪是自动自发的，爸爸可以理解你。”

“情绪？为什么我会有情绪呢？”米乐疑惑地问道。

“每天都会有让你产生情绪反应的事情发生，这是一种信号，情绪会帮助你做出决定。当遇到一件事情的时候，不用花时间思考，你的大脑就会发出信号，引发你的情绪与行为，帮助你做出回应。”爸爸继续说道，“比如，你看到落在胳膊上的鸟屎，就会觉得恶心；看到好朋友在冲你招手，就顿时会变得兴奋。”

“可是我现在一点儿也兴奋不起来。”米乐叹着气说道。

妈妈指着游乐场的大门说：“米乐，你看，我们马上要进入游乐场了，里面有好多好玩的项目！”

“那我们快走吧！我想去坐摩天轮！”米乐的表情瞬间阴转晴了。

情绪能量站

情绪存在于大脑当中。当一些事情发生时，大脑会向神经系统发出信号。根据大脑发出的不同情绪反应的信号，神经系统会指挥我们的身体出现某种变化，比如心跳加速、手心出汗、心花怒放等。

情绪还会传递给我们信息，让我们迅速采取相应的行动：比如你看到鸟屎落在胳膊上，会尽快擦掉，如果方便，你可能还会用洗手液洗一洗；再比如在过马路的时候，如果你看到一辆汽车向你驶过来，你会感受到危险，且心跳加速，这种情绪会指导你快速逃离危险。

我们可以将情绪理解成是大脑发出的信号，自动激发我们产生各种感觉。

表达你的情绪

现在你的心情是____________________（可以是一种，也可以是多种），在下面用笔圈出能表达你心情的表情。如果你觉得这些表情都无法表达出你的心情，那就在旁边把符合你此时心情的表情画下来吧！

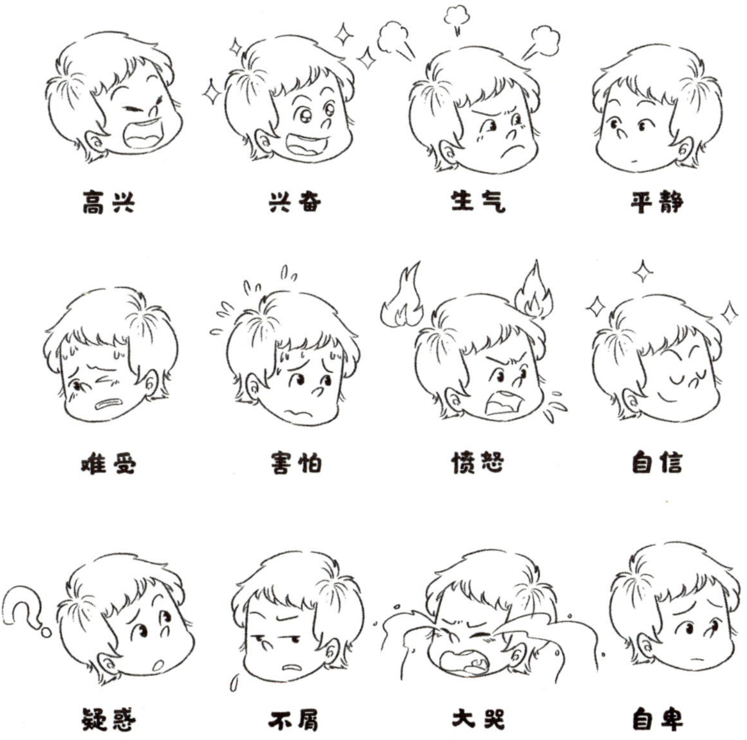

情绪有好坏之分吗

米乐跟爸爸妈妈在游乐场玩了一整天，直到游乐场快要关门了才依依不舍地离开。

回顾这一整天，米乐的情绪总是起起伏伏的，时而惊喜，时而恐惧，时而兴奋，时而后悔……

米乐突然想到了一个很有趣的问题，她问爸爸妈妈：“为什么我不能只有那些好情绪呢？”

“那在你看来，什么样的情绪是好情绪，什么样的情绪是坏情绪呢？”爸爸反问道。

“嗯……我觉得……玩摩天轮和旋转木马的时候，我感到兴奋，总想要多玩一会儿，这是好情绪；可是在坐过山车的时候，我感觉很害怕，想要早点儿下去，这是坏情绪。”

“我倒是觉得情绪并没有好坏之分，我们可以把情绪分成两种：一种是让人愉悦的，比如兴奋、高兴；另一种是让人不愉悦的，比如难受、生气、自卑。”爸爸继续表达自己的看法。

妈妈也补充道：“我同意。情绪本身并没有好坏之分，有好坏之分的是行为，以及这些行为带来的后果。”

“这是什么意思？”米乐越听越糊涂了。

“愉悦的情绪会让我们产生好的行为，比如待人更友善，做事更大度。而不愉悦的情绪可能会让我们出现一些带有破坏性或者伤害性的行为，比如当你因为没考好而心情低落时，你可能会冲安慰你的人发火；当你因为没有拿雨伞而挨雨淋时，你可能会因为生气而把湿衣服胡乱扔到一旁。”妈妈继续耐心地给米乐解释道。

“我明白了，因为不愉悦的情绪而出现那些坏行为是不对的，但如果我并没有产生这些坏行为，那情绪就还是在帮我的，对不对？”米乐恍然大悟地说道。

“可以这么理解。”妈妈赞同地点头说道。

“重要的是如何处理情绪。”爸爸又继续补充道。

情绪能量站

每一种情绪都很重要，不论是快乐、幸福，还是悲伤、恐惧、愤怒，这些情绪的存在都是为了帮助我们。情绪可以让其他人更懂我们，也可以帮助我们更好地认识自己。情绪也可以相互感染，从而加深我们与其他人之间的联系。

比如，当你在与朋友相处觉得快乐时，朋友也会被你的快乐感染，这使你们的交往更顺利；当你看到一只狗冲着你狂吠，你会感到恐惧，而恐惧会令你逃跑，你会尽可能地跑到一个安全的地方，使自己远离危险；当你因为遇到不顺心的事情而感到悲伤、哭泣时，别人会知道你需要帮助，因而来安慰你。

试想一下，如果你无法感知情绪会怎么样。也许你不会因为上台演讲而感到紧张，不会因为愤怒而大喊大叫，但你也不会因为要过生日而感到开心，不会觉得玩海盗船刺激有趣，甚至你会因为无法感知情绪而不知道该买哪支笔，无法决定自己是要去玩旋转木马还是要去坐摩天轮。

情绪求助单

当某种情绪异常强烈时，它可能就会冲上你的头脑，让你无法冷静理智地思考，此时你可能就会淹没在这种情绪中，无心去做其他的事。

当你被不愉悦的情绪控制时，你可以在心里默默数到10，让自己平静下来。也可以和信赖的人沟通，释放这种情绪。想一想，在你情绪激动的时候，你可以向谁求助呢？将他们的名字写在下面吧！

我的求助热线：

1. ____________________

2. ____________________

3. ____________________

即使是不愉悦的情绪，也并不会总是困扰你。情绪来来去去，就像晴天与雨天，总是来回往复。所以，平静地对待自己的情绪吧，因为这样会让你更快地恢复平静。

互动游戏：情绪小记者

用语言来表达自己的情绪有时候并没有那么容易，你的爸爸妈妈有时候也会觉得表达情绪是有困难的。现在，请你化身情绪小记者，来采访你的爸爸妈妈，帮助他们表达自己的情绪吧！

下面列出了一些可供参考的问题，看过之后，请你想一想，并将自己感兴趣的问题写到情绪采访清单上吧！

1. 您小时候做过的最有趣的事是什么？
2. 您上一次哭是什么时候？为什么哭？
3. 您有气得控制不住自己的时候吗？为什么生气？
4. 您害怕什么？
5. 您做过什么令自己后悔的事情？现在还后悔吗？
6. 心情不好的时候，您会怎么做？

…………

我的情绪采访清单：

1. ____

2. ____

3. ____

4. ____

5. ____

6. ____

7. ____

8. ____

9. ____

10. ____

第二章

管理你的日常情绪

单独在一个房间睡觉，好害怕

晚饭过后，米乐跟爸爸妈妈在聊天。

米乐：“妈妈，今天晚上我要自己睡。”

妈妈：“前几天，爸爸妈妈说让你一个人睡，你还坚决不同意呢，怎么突然就改变主意了呢？”

米乐：“跳跳、田辰、可可都是自己睡觉的，我也要自己睡。”

爸爸：“好！米乐变勇敢了。”

妈妈：“那我们现在去收拾一下你的房间吧，把你的床铺好。”

米乐高高兴兴地跟着妈妈收拾起自己的房间，还因为要单独一个房间睡觉而感到兴奋。

可是真到了睡觉的时间，米乐却一直不想回房间。妈妈只好陪着米乐一起。

米乐极不情愿地走进自己的房间，慢吞吞地上床，一躺到床上就后悔了，她紧紧地拉住妈妈的手，不让妈妈离开。

“妈妈，我害怕。”

“那妈妈陪着你入睡，等你睡着，妈妈再熄灯离开。”

“妈妈，等我睡着了会不会有怪兽来抓我呀？”

“不会的。”

“那如果有怪兽来了怎么办？”

“那妈妈就把怪兽打跑，让怪兽再也不敢来。”

“妈妈……”米乐一边说着一边打着哈欠，迷迷糊糊地睡着了。

妈妈给米乐盖好被子，然后熄了灯，轻轻走出了米乐的房间。

情绪能量站

分房睡是每个孩子在成长过程中都会经历的一项挑战，这也是每个孩子在一定的年龄段要完成的事情。

爸爸妈妈和你分房睡，并不是因为他们不爱你了。他们对你的爱并没有减少，只是你到了一定的年龄，需要自己一个人睡，这对你今后的成长也是有益的。

也许你会嫉妒弟弟或妹妹还能跟爸爸妈妈一起睡。不过，仔细想一想，你就会发现，这是因为弟弟或妹妹的年龄还小，他们在生活上还需要爸爸妈妈更多的照顾，在心理上也需要爸爸妈妈更多的陪伴。等到弟弟或妹妹长大一些，他们也会像你一样经历这些过程。

也许你怕黑，也许你觉得没有安全感。开始时有些害怕是正常的，这并不丢人。你可以把自己的担忧与害怕说给爸爸妈妈听，让他们帮助你克服这些困难。

分房睡意味着你有了自己的空间，标志着你的长大与独立。在成长的过程中，我们经常要面对一些陌生的场景，要处理一些不熟悉的事情，担心、害怕都是正常的。

增加睡前的仪式感

刚开始分房睡的时候，你可能会不习惯，那不如就增加一点儿睡前的仪式感。想一想，在睡前做哪些事情会让你安心呢？把你想做的睡前仪式写下来吧！

睡前仪式一：听睡前故事

让爸爸妈妈陪我读书，给我讲睡前故事。

睡前仪式二：互道“晚安”

在睡前互相说“晚安”，带着爱入睡。

睡前仪式三：______

睡前仪式四：______

糟糕！被爸爸妈妈误会了

米乐正在家里做作业，忽然听到“砰”的一声，她赶紧从屋里跑出来看。

妈妈正在厨房做菜，似乎并没有听到声音。

米乐发现电视遥控器被猫咪弄到地上了，后壳也摔掉了。她想看看遥控器是否还能用，就打开了电视。

米乐刚将遥控器对准电视机，爸爸就开门进来了，妈妈听到开门声也朝这边走过来，结果两人就看到了米乐在按遥控器。

“米乐，你怎么不做作业，在这里看电视呢？”妈妈大声喊道。

“我没有。”米乐觉得很委屈。

爸爸急忙说：“米乐，我们之前约好的，写完作业才能看电视，你忘了吗？作业写完了吗？”

米乐忙说：“没忘，还没写完。”

爸爸说：“那你先回屋做作业吧。”

“哦。”米乐闷闷不乐地应声，低着头走进了屋里。

米乐越想越气，自己明明没有做错什么，却被爸爸妈妈误会了。她气鼓鼓地推开门，大声喊：“我没有要看电视！遥控器掉到地上了，我只是想看看有没有摔坏！”

爸爸妈妈这才知道误会了米乐，向米乐道歉。

情绪能量站

人与人相处时，误会有时是难以避免的。

当爸爸妈妈不了解事情的真相时，他们就无法做出准确的判断，会凭借自己的主观感受去判断。

比如，爸爸妈妈认为所有的孩子都喜欢看电视，所以，他们一看到你正对着电视按遥控器，就觉得你因为痴迷于电视而不做作业了，甚至都没有给你解释的机会。

当被爸爸妈妈误解的时候，我们会感觉很委屈，很烦躁。我们会觉得爸爸妈妈应该很了解我们，而不应该误会我们，这种强烈的反差感会迫使我们产生怒气。

跟爸爸妈妈赌气时，我们可能会不想跟爸爸妈妈说话，可是这样做，爸爸妈妈就更无法知晓事情的真相，反而还会加深误会。

因此，当被误会的时候，你千万不要自己生闷气，跟爸爸妈妈来一场良好而有效的沟通吧，从而还原事情的真相，解开误会。

消除误会小纸条

你也许会因为生气而不想跟爸爸妈妈说话，也许会因为太委屈而不知要从何说起，也许会担心跟爸爸妈妈当面解释时和他们吵起来……

那你就把自己内心想说的话都写在纸条上吧。然后再亲手把这张纸条交给爸爸妈妈或者放到他们容易看得见的地方。

爸爸妈妈，今天的事情是这样的：

____

____

____

____

爸爸妈妈的期待让我压力很大

“米乐，这次的考试成绩怎么样啊？”米乐刚走进家门，妈妈就开口问道。

“还可以。”

“我看看试卷，考了多少分？”

米乐从书包里拿出试卷递给妈妈。妈妈看了一眼试卷上的分数，感叹道：“哎呀，这次成绩下降了啊！”

“老师说我考得还不错。”米乐小声地说着，“这次的考试题目比较难，大家的分数都不是很高。”

“既然是学过的内容，那就应该拿满分。你要知道，爸爸妈妈对你寄予厚望，严格要求你也是为了你好。”

“我知道，这话您都说了无数遍了。”

“来，让我们看看，哪道题目做错丢分了。”

“我想先休息一下，妈妈，我们过一会儿再看吧。”

“米乐，学习是一个需要长久坚持的过程，不能因为一点点的挫折就退缩。”妈妈语重心长地说道。

“我知道了，妈妈。”

“那我们现在开始吧！”

“嗯。”米乐点了点头，小声地回复着。

经过妈妈的讲解，米乐终于把这些问题都弄懂了，但她一点儿也不开心，她知道爸爸妈妈是为了自己好，可是他们的期待让她感到很有压力。

情绪能量站

大多数的爸爸妈妈都希望自己的孩子能成为很优秀的人，这种期待会激励我们学习和成长，但确实也会给我们带来很大的压力。

也许你会觉得自己的表现不够好，爸爸妈妈就会失望；也许你会因为压力太大而感觉力不从心，甚至因此厌恶学习。

其实，爸爸妈妈并不是只关注我们的成绩，他们更在意的是我们认真努力的过程。

如果你觉得爸爸妈妈的期待过高，你确实无法做到，那就把自己内心的真实想法告诉爸爸妈妈吧。你要相信，对爸爸妈妈来说，没有什么是比你健康快乐地成长更重要的事情了。

对父母的期待

期待也可以是相互的。爸爸妈妈向我们提出他们的期待，对我们严格要求，我们同样也可以向他们提出我们的期待。这种期待同样可以给爸爸妈妈带来动力，让他们成为更优秀的父母。

结合你家的实际情况，想一想，你想要对爸爸妈妈提出哪些期待呢？

期待一：（例：我希望爸爸能多陪我打羽毛球。）

期待二：________

期待三：________

期待四：________

期待五：________

谎言被揭穿了，好羞愧

今天是米乐的生日，爸爸妈妈一早就在蛋糕店里买了生日蛋糕，准备中午一起吃。

上午，爸爸妈妈有事要出去一趟，米乐自己在家写作业。刚开始，米乐还安静地在屋子里认真地写作业，可是做完一道题后，她一抬头就看见了桌子上摆着的生日帽，她戴上试了试，然后又想到了冰箱里放着的生日蛋糕。

这个生日蛋糕是米乐自己选的，上面铺满了一层米乐喜欢吃的草莓。

米乐忍不住拿了一小颗草莓放进嘴里，草莓又酸又甜的，米乐开心地说道："真好吃。"于是，米乐一口接着一口地吃了起来，不一会儿，蛋糕上就露出了一小块"空地"。

米乐赶紧擦了擦嘴巴，然后心满意足地关上了冰箱门。

爸爸妈妈回到家后，一家人就开始布置房间，爸爸把买好的彩灯和气球挂了起来，妈妈则负责摆果盘、制作糕点。等到一切准备就绪后，妈妈就去冰箱里拿蛋糕。

米乐悄悄地看着妈妈，看到妈妈若无其事地端着蛋糕走过来，米乐得意地笑了笑。

妈妈严肃地说："咱们家的冰箱里该不会有老鼠吧？这个蛋糕像是被老鼠吃了。"

"怎么可能，你想多了。"爸爸不经意地回复道，同时转头看了一眼蛋糕，然后便"嘿嘿嘿"地笑了起来，"冰箱里还真的进了老鼠啊！"

米乐听到爸爸妈妈这样说，觉得自己的伪装很成功，也跟着笑了起来。

“你们说，偷吃蛋糕的老鼠现在在哪儿呢？”妈妈突然问道。

“老鼠吃饱了就回自己家了吧。”米乐回复道。

“奇怪。”妈妈又突然问道，“米乐，你有偷吃蛋糕吗？”

“没有没有，当然没有了！”米乐连连摆手否认。

“咦，你的衣服怎么脏了？胸前的一摊红色是什么呀？”

“这个是草莓，应该是我吃草莓蛋糕的时候不小心滴上去的。”米乐刚说完，就意识到自己说漏嘴了。

“什么嘛，原来那只老鼠是米乐呀！”爸爸开始给米乐解围。

“对不起，妈妈。”米乐羞愧地道歉。

“你知道哪里做错了吗？”

“我不该偷吃蛋糕，不该撒谎。”

“那你为什么要撒谎呢？”

“我喜欢吃草莓蛋糕，但也不想被骂。”

“米乐，妈妈知道你喜欢吃草莓蛋糕，所以你忍不住偷吃了，妈妈也不会怪你。可撒谎是不对的。”

“妈妈，我知道错了。我不会再撒谎了。”

爸爸看事情已经说清楚了，便开始缓和气氛：“好了，那现在我们就开始摆蜡烛切蛋糕吧！对了，爸爸差点儿忘记了给你的礼物。”说完，爸爸从购物袋里拿出了一双漂亮的白鞋子递给了米乐。

“谢谢爸爸，也谢谢妈妈。”米乐高兴地接过鞋子。

这场小闹剧就这样在大家的欢笑声中过去了。

情绪能量站

老师和家长一直都教育我们，做人要诚实，不要撒谎。但要做到诚实并没有那么容易。很多时候，诚实意味着我们要遭受一些损失，或者受到一些惩罚。但也正因为要做到诚实不容易，所以诚实这种品质才显得越发可贵。

在很多时候，撒谎是我们保护自己的一种本能反应。几乎每个人都会撒谎，比如：作业没写完，就说落在家里了；写作文的时候感觉无事可写，就写自己捡到某些东西交给了警察……

也许你依然会存在侥幸心理，觉得撒谎不被揭穿就没事了。但其实，不管有没有被揭穿，在撒谎的那一刻，你就已经犯错了，不诚实了。

而父母拆穿你的谎言，并不是要故意跟你作对，他们只是希望你能诚实，不要试图用谎言逃避责任。

也许你想做一些事，但又担心被父母拒绝，所以选择了撒谎。其实，如果是可以做的事情，那你完全没有必要撒谎，说明原因，向父母争取，很多时候父母都是会同意的。即使父母不同意，你也不能通过撒谎的方式去实现。

谎言测试游戏

每个人都会撒谎，你的爸爸妈妈也不例外。快来跟你的爸爸妈妈做个谎言测试的小游戏吧！

游戏规则：

①每个人都要说三件事情，其中：两件事情是真实发生过的，是这个人曾经做过的；一件事情是编造的谎话，是没做过的。（比如：在公交车上让座，把路上的垃圾扔到垃圾桶里，逃课，打架，等等。）

②你和爸爸妈妈轮流开始，一个人讲，另外两个人猜哪两件事情是真实的，哪件事情是编造的。

现在，你来想一想，自己要讲哪三件事情呢？把它们写下来吧！注意两件事情是真实的，一件事情是虚假的。

（1）________________________________

（2）________________________________

（3）________________________________

以下内容在游戏之后看

怎么样？你觉得这个游戏难吗？

你顺利识别出爸爸妈妈的谎言了吗？

你的谎言被爸爸妈妈识破了吗？

你有没有发现编谎话与说真话的感觉有什么不同？

记住你的游戏体验，以后努力做一个诚实的人吧！

为什么一遇到事情就爱发脾气

“你别走，赔我鞋子！”刚一下课，同学们就被米乐的喊声吸引了过来。

原来，米乐今天穿了爸爸妈妈昨天送给自己的白鞋子，田辰不小心踩了米乐一脚，把她的白鞋子踩脏了。

田辰一边挠头一边不好意思地说："对不起，我不是故意的。"

米乐气鼓鼓地指着田辰说："你怎么回事啊？我再也不想跟你玩了。"

其他同学看气氛比较僵，就帮忙缓和气氛。跟米乐关系很好的可可从自己的书包里拿出湿巾，帮米乐把鞋子擦干净了。米乐一看鞋子依然那么干净漂亮，瞬间就不生气了。

米乐看到田辰还低着头委屈地站着，她这才意识到自己刚才有点儿小题大做了。

在同学们的鼓励下，米乐终于鼓起勇气跟田辰道歉了："对不起，田辰，刚才是我太冲动了，我也不是故意要说你的，可是火气一下子就蹿上来了。"

"没关系，本来就是我不对。"田辰缓缓地抬起了头。

这场意外事件终于愉快地收场了，"丁零零——"上课的铃声响起，同学们都陆续回到自己的座位上坐好，可米乐的心里一直过意不去，她暗暗下定决心：今后一定要好好控制脾气。

情绪能量站

在受到伤害、被拒绝、被误解的时候，很多人都会感到愤怒。

有些事情可能并没有那么严重，但就是因为我们对这些小事没有预设心理，认为应该不会发生，但却偏偏发生了，这反而会引起我们内心强烈的落差感，使我们一点就着，很容易就发火。

冲别人发脾气可能会让你短暂地感觉好一些，但发完脾气之后你可能久久不能平静，不利于你接下来做其他的事情。可如果不发脾气，将怒火憋在心里，你可能会变得充满怨恨，直到再也压抑不住这种情绪，以某种方式爆发出来。

不论是将愤怒发泄在自己身上，还是发泄在他人身上，都是有害的。你不应该让任何人，包括你自己，承受你的愤怒情绪。所以，你要学会表达愤怒的情绪，让这种情绪像充满气的气球一样，慢慢地把气撒出去。

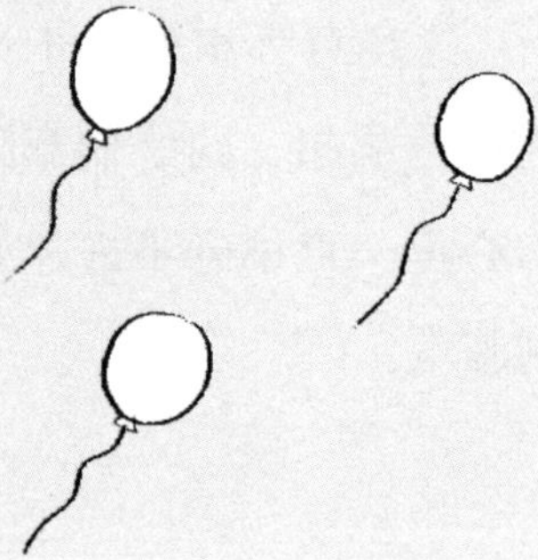

脾气控制训练

有时候，你的愤怒可能是毫无意义的，比如：当你因为鞋子被弄脏了而发脾气时，鞋子就会自己变干净吗？——不会！当你因为没赶上公交车而气得跺脚时，下一辆车就会来得更快吗？——不会！

所以你在想要发脾气的时候不妨问问自己：值得为此生气吗？生气对整件事有帮助吗？

当然，很多时候，即使我们知道生气毫无意义，根本就不值得生气，却还是忍不住要发一顿脾气。这时，你可以尝试吸气呼气训练法。具体训练方法如下。

用一个舒服的姿势坐好，然后按照以下方式进行：

吸气 4 秒钟：1—2—3—4

屏住呼吸 1 秒钟

再呼气 5 秒钟：1—2—3—4—5

屏住呼吸 1 秒钟

吸气 4 秒钟：1—2—3—4

屏住呼吸 1 秒钟

…………

如此循环，可以使你的状态变得更好。当然，你也可以结合自己的实际情况，同时增加或者减少吸气和呼气的秒数，但要注意呼气要比吸气的时间长 1~2 秒钟，以便于你更好地放松。

天哪！我犯了个错

“妈妈，您在做什么呢？”米乐看完了一集动画片，朝着厨房里的妈妈喊道。

“妈妈在榨果汁，马上就好了。”妈妈回答道。

“妈妈，那我也来帮忙。”米乐赶紧从沙发上下来，往厨房走去。

妈妈把榨好的果汁倒到杯子里，米乐拿着两杯果汁朝沙发走去。

“小心，一定要……”妈妈的话还没说完，就听到客厅传来“啪啦”的声音，只见米乐拿着一只残留了一点儿果汁的空杯子坐在地上，旁边有洒出来的果汁，还有杯子的碎片。

妈妈赶紧走到米乐身边问：“米乐，你没事吧？有没有摔到、磕到哪里？”

米乐摇了摇头，露出很不开心的表情。妈妈又打量了米乐一圈，发现米乐并没有受伤，便转身去拿清理工具。可米乐并没有要站起来的意思，妈妈又担心地问道："米乐，你是不是吓到了？"

米乐又摇了摇头，然后才缓缓地说："我犯错了，这么一点儿小事都干不好，我真笨！"

"以后注意就好了，没关系的。"

"对不起，我做错了，我本来想帮忙的。"

"米乐，犯错误并不可怕。当犯错误时，勇于道歉并敢于承担责任才重要。现在，你想不想弥补一下自己的错误呢？"

“怎么弥补？”米乐的思绪终于从自己做错的事情上转移了出来。

“我们一起把地板清理干净吧！”妈妈将碎片收进垃圾桶，米乐拿着拖把拖地。不一会儿，地板就又变得干净亮堂了。

情绪能量站

犯错之后，不推卸责任，学习在错误中成长，你可以学到更多的东西。

当你犯错时，要避免出现以下行为，这些行为对你并没有帮助：

- 总说苛求自己的话。
- 认为都是别人的错，把错误都归结到他人身上。
- 认为自己没有错，把做错的事情当成正确的。
- 不理会自己的错误。

解决问题、清理现场、道歉、改正错误才是对待错误的正确做法。

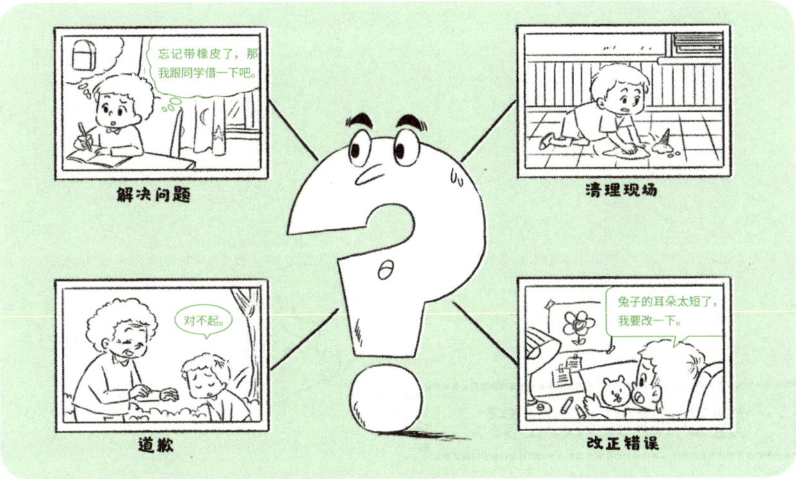

反思你的错误

现在，请你回想一个自己曾经犯过的错误，你当时是怎么做的？如果下次再遇到这样的事情，你想要怎么做？

我犯的错误：________________

____

我当时的做法：________________

____

下次，我想要这样做：________________

____

遭到嘲笑很难受

今天的体育课上，老师将同学分成几个小组，两两一组进行跳绳比赛。

米乐和七七在一组。米乐本来就不太擅长跳绳，再加上要比赛，米乐就更紧张了。

轮到米乐的时候，她小心翼翼地跳着，可还是被绳子绊倒了。同学们似乎还在看热闹，指着米乐哈哈大笑。米乐则觉得自己受到了同学们的嘲笑，更无地自容了。

体育课结束后，其他同学还沉浸在跳绳比赛的乐趣中，只有米乐闷闷不乐的。好朋友可可发现了米乐的异常，就问米乐：“米乐，你怎么了？不会摔了一跤摔傻了吧？”

“你是不是也在嘲笑我？”米乐愤愤不平地问。

“米乐，我只是觉得挺好玩的，就跟着笑了。”可可解释道。

“可是我觉得很丢人。”米乐越想越觉得委屈。

“对不起，米乐。我没想到你会这么伤心。”可可拉着米乐的手，继续说道，“要不这样吧，把你的感受说给同学们听，他们一定也会认识到自己的错误的。”

“不要，我已经觉得很丢脸了。”

情绪能量站

谁都不想出丑，不想遭到别人的嘲笑。可是在生活中，总会发生一些意外的事情，笑话你的人可能并没有恶意，只是在看热闹而已。

如果你对这件事并不在意，那就随他们去好了。可是如果你觉得伤自尊，觉得很难过，那就要正确表达自己的情绪，把自己的感受说出来。

表达你的情绪

遭到嘲笑时，你可能会觉得丢脸、不好意思，感到生气。最好的解决方式就是将你的感受表达出来，这样别人才会理解你。请根据下面的例子，试着表达一下自己的感受吧！

例：我对我摔倒时你嘲笑我感到很伤心，我希望你不要再嘲笑我。

我对____________________感到很伤心，

我希望____________________。

第三章

快走开！负面小情绪

我的快乐由我做主

“唉，真讨厌！”米乐望着窗外下个不停的雨嘟囔道。

“米乐，怎么了？”妈妈看到米乐闷闷不乐的样子，关心地问道。

“好不容易周末了，昨天放学后，我就想好今天要放风筝了，可是今天一直在下雨。”

“没法放风筝可以玩其他的啊。”

“可是外面在下雨，玩什么都不方便。”

“下雨也有下雨的好处，也许有些游戏就适合下雨的时候玩呢。”

“下雨能玩什么呢？地上到处都是水，还有泥……啊，我想到了！”米乐惊喜地喊道，“可以捏泥巴玩。”

刚说完，米乐就从窗边小跑到自己的房间，穿好了雨衣、雨鞋，站在门口兴奋地等着妈妈。

雨下得并不大，妈妈陪着米乐一起用泥巴捏蛋糕、城堡，还用石头和树叶进行装饰，两人玩得不亦乐乎。

在回家的路上，米乐感叹地说："没想到，下雨玩泥巴也这么快乐。"

"当然了！快乐是由自己做主的，你的快乐主要取决于你如何看待事物。就拿今天来说，在大多数时候，你会觉得下雨很烦人，会打乱你原本的计划，但玩一些在下雨时才能玩的小游戏，同样也会让我们很开心。”

“本来我很讨厌下雨的，现在竟然喜欢上下雨了。”米乐对自己情绪与心态的变化感到惊奇。

情绪能量站

笑是最有趣的运动。当你微笑的时候，你的大脑中会释放出令你产生愉悦感的化学物质，即使是假笑，也会释放出快乐的化学物质，让你感到开心。

快乐的人会与家人和朋友相处得更好，也会感到更幸福。快乐的情绪也有助于我们更好地应对压力与焦虑，而且，快乐能量也可以传递给他人。

能让人感到快乐的元素有很多，做自己喜欢做的事情，也是一种快乐。另外，感受大自然、回忆记忆中美好的事情、参与运动、与朋友相处、帮助他人、感恩他人等也会让我们感到快乐。

幸福笔记本

将给你带来快乐、幸福的东西整理到笔记本上，可以是美好的照片、有趣的卡片，也可以是你喜欢的诗歌和绘画，还可以是你的快乐心情日记。

接下来经常翻一翻这个笔记本，重温那些美好与幸福。

为什么好事轮不到我

今天是星期一，米乐所在的班级准备利用班会时间举办一场读书分享会。米乐为了能拿到“最佳小读者”的殊荣，从上周就开始准备了。

在分享会上，米乐的表现很好，老师和同学们都给予了热烈的掌声。可是在最终评选中，米乐比邵阳少了3票，没有获得“最佳小读者”的称号。

直到放学，米乐都一直很不服气。在校门口见到爸爸的那一刻，米乐的眼泪“唰”地就流了下来。

“不公平，不公平，”米乐一边抹着眼泪一边说，“为什么好事轮不到我？”

“怎么了？”爸爸被米乐的反常行为吓到了。

“我表现得很好，可是老师还是把‘最佳小读者’的奖状给了邵阳，没有给我。”

“那你觉得邵阳的表现好吗？”

“嗯……也算……好吧！可是我的表现也很好啊！”

“爸爸知道你很努力，也很优秀。没有取得预期的结果，你很失望。也许你在嫉妒邵阳，可这会让你的心情变得更糟。”

“嫉妒？”米乐疑惑地问道。

“你是不是将自己与他做比较，想要找出他不好的地方？”

“好像是这样。”

“嫉妒会让我们产生一些负面的想法，做出不好的行为，但同时也敲响了让我们继续努力的警钟。比如，如果你嫉妒有人学习成绩比你好，你也许会在课堂上更加认真地听课，在课后更认真地写作业，更加努力学习。”

“我知道了。我会继续努力，争取下次拿冠军。”

情绪能量站

嫉妒是人类与生俱来的情绪，即使是婴儿，也会有这种情绪。即使是最好的朋友，有时也会相互嫉妒。

当别人拥有某个东西而你没有，或者别人能做某件事而你不能做的时候，你就可能会产生嫉妒情绪，你的身体也会不由自主地产生一系列反应：

大脑： 大脑会释放出让人产生愤怒和厌恶感的化学物质。

眼睛： 眼睛只关注你所嫉妒的人，对其他的人或事都会忽略。

心脏： 心跳加速，血压上升，十分激动。

胃： 应激激素在你的身体里循环，导致你没有胃口，不想吃东西。

嫉妒情绪的出现会导致我们产生一些嫉妒的想法，这些想法可能有些偏激，可能与事实完全不相符。其实，有些想法，在我们心情平静后只要稍加思考，就会被否定。

所以，在出现嫉妒的想法时，建议你试着提出与其相对立的反嫉妒想法，以证明你产生的那些嫉妒想法没有任何意义。

反嫉妒想法练习

在下面的空白处，写上你的嫉妒想法与反嫉妒想法吧！

嫉妒想法	反嫉妒想法
他有我想要的新书包。	我的书包还很好，不需要买新的。
这次儿童节表演，主持人又是她。	她确实有能力当主持人，我也要努力。
数学考试题这么难，他还是考了满分。	他平时学习一定很努力。

发泄悲伤会让我心情变好

今天课间时，米乐很高兴地和同学们分享她的手工 3D 立体拼图，这是昨晚米乐和爸爸花费了好长时间才拼成的。

随着“丁零零”的上课铃声响起，米乐慌忙地把立体拼图装到盒子里，可是一着急，立体拼图就从手上滑落，掉在了地上，看到散落一地的碎片，米乐既吃惊又难过。

在课上，米乐一直都闷闷不乐的。课后，同学们纷纷走过来安慰米乐，可米乐怎么也开心不起来。

“不然你就哭出来吧！我妈妈说悲伤难过的时候哭出来就会好受很多。”声音洪亮的何晨一说完，其他同学也都纷纷赞同。

听到这话，米乐也就不再强忍着了，开始“呜呜呜”地哭了起来。

此时，老师看到了，还以为米乐受欺负了，便走过来询问情况。在得知了前因后果后，老师摸了摸米乐的头并安慰她。

眼泪仿佛有某种魔力，会将悲伤带走。不一会儿，米乐就觉得没有那么难过了，又继续跟同学们有说有笑的。

情绪能量站

身体有悲伤的表现，是为了告诉别人你需要帮助、安慰与支持。遇到一些事情并感到悲伤是健康而正常的情绪，所以，请你允许悲伤的存在，但要注意不要被持续性的悲伤控制，因为悲伤太久可能会让人变抑郁。

悲伤的感觉并不好，那么怎样才能改善悲伤的情绪呢？你可以试着采取以下几种方法：

1. 想象令你快乐的场景

想象一个令你感到快乐的场景，它既可以是美好的环境，也可以是给你带来温暖与爱的人。然后把你脑海中想到的画面画出来吧！

2. 找人倾诉

将你的难受说出来，会有人帮助你分担这种悲伤的情绪，即使对方帮不上什么忙，你也会觉得好受很多的。

3. 大哭一场

感到悲伤的时候哭一哭也是不错的方式。悲伤并没有错，你不要把自己看成是一个无助的受害者，而应该成为一个允许自己悲伤的人，允许自己发泄这种情绪。当你哭泣的时候，悲伤的情绪也就随之释放出来了。

给自己的悲伤写封信

哪些想法、哪些事情令你感到悲伤？你从悲伤中学到了什么？你觉得自己的处境没那么糟糕的理由有哪些？

给悲伤写一封信，把你的感受与想法都写下来吧！

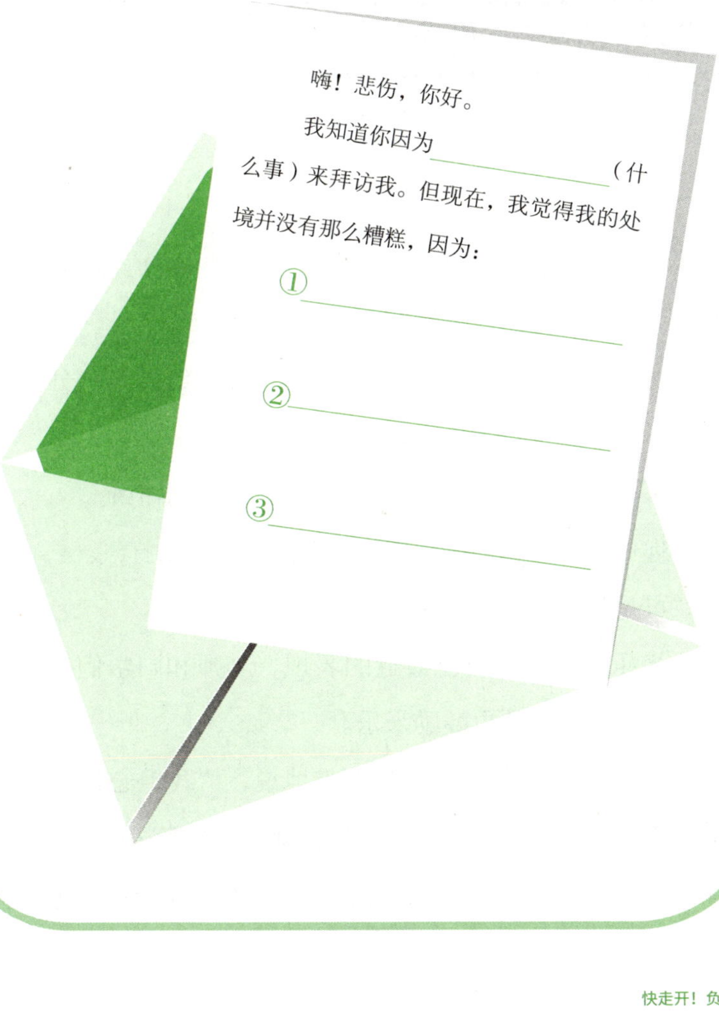
嗨！悲伤，你好。

我知道你因为____________（什么事）来拜访我。但现在，我觉得我的处境并没有那么糟糕，因为：

①____________

②____________

③____________

哎呀！不行，我做不到

近期，学校要举办“成语大赛”，同一个年级的学生进行比拼，每个班级至少要选出一名参赛者。

因为米乐近期迷上了成语故事，也经常给同学们分享，所以同学们就一致推荐米乐为本班的参赛者。

“不行啊，我做不到。”米乐连连摆手表示拒绝。

“你可以的，我们相信你。”有同学给米乐打气。

“可是我不相信自己啊。”

“米乐，你想想自己最近的表现，老师和同学们都看在眼里呢。”班主任老师也鼓励米乐。

“可是……”米乐有点儿为难地说，“我担心自己表现不好会给班级丢脸，万一我到时候什么都想不起来……”

“别给自己太大压力，米乐。”班主任老师继续说道，“你只要正常发挥就好了。即使没有拿到名次也没关系，重在参与嘛，老师和同学们也不会责怪你的。”

“那……我就试试吧！可是我还是担心无法为班级赢得荣誉……”

“不用想那么多，好好为比赛做准备吧！”

“加油！”

情绪能量站

还没开始做就担心自己做不到，当产生这种自我否定的想法时，其实是你认为自己不够好，低估了自己的实力。

如果你给自己设定了过高的目标，并抱以很高的期待，当目标难以实现时，失望和挫败感就会接踵而至，你也就会因此陷入自我怀疑中。

所以，不低估自己，也不设定过高的期望，学会正视自己的能力，制定合理的目标，对成长更为有益。

用平常心看待输赢，分析自己每一次失败的原因，在失败中总结经验教训，不断进行自我鼓励，调整自己的行为，可以使你变得更优秀。

自信想法

如果你经常陷入自我否定的消极情绪中，你会很容易就变得焦虑，缺乏自信。你可能经常会产生这样的想法：

- 我肯定做不好。
- 失败之后，我会让所有人都失望的。
- 我拿不到冠军，每个人都会嘲笑我。

…………

在产生这些想法后，请你为自己寻找一些自信想法，以帮助自己缓解焦虑，更轻松地应对生活与学习。

自信想法 1：（例：每个人都会出错，我平时的表现也很好。）

自信想法 2：________________

自信想法 3：________________

自信想法 4：________________

勇敢点儿，没有什么可怕的

经过几天的突击训练，米乐知道的成语更多了。

今天是比赛的日子。米乐本以为自己已经做好了心理建设，可是临上台时还是紧张得心怦怦跳，甚至在台上做自我介绍的时候，还差点儿说错自己的班级。

等大家都找到自己的比赛位置坐下后，米乐还觉得有一种不真实感。

随后主持人宣布了比赛规则，比赛采用积分制，共分三轮：第一轮是成语填空，将成语中空缺的字填写上；第二轮是成语接龙，举手抢答；第三轮是讲成语故事。

直到看到第一道题目，米乐才从紧张中缓和过来。“勇敢点儿，没有什么可怕的，正常发挥就好。”米乐小声地为自己打气。

然后她就不再考虑如果输了会怎样，而是全身心地投入到比赛中了。

比赛结束后，米乐虽然没有夺得冠军，但也取得了第三名的好成绩，老师和同学们都为她喝彩。这一刻，米乐终于不再害怕了，她甚至暗下决心：下次如果再有这样的比赛，我要主动报名参加。

情绪能量站

当众演讲、参加比赛等活动都会让人感到紧张和恐惧，这是很正常的，并不是软弱的表现。

恐惧是一种害怕的感觉，你可能害怕黑暗，害怕蜘蛛，或者害怕其他东西。当你面对这些令自己害怕的事物时，你可能会出现心跳加速、肌肉紧绷、手开始颤抖、嘴巴干渴等状况，恐惧会令你的身体做好攻击或者逃跑的准备。

恐惧的感觉，就像是大脑发出的警报，告诉你可能要面临的危险。如果没有恐惧这种感觉，你就无法保护自己，对危险的情形也无法做出合适的反应。

当然，并不是每件激发恐惧反应的事情都是危险的。有时候，这种危险可能是我们自己想象出来的，也许实际情况并没有那么糟糕。这时，恐惧可能就会成为阻碍我们学习、尝试新事物的绊脚石。所以勇敢地面对恐惧、战胜恐惧才是我们需要学习的。

勇气清单

勇气会帮助你战胜恐惧。想一想什么事会让你感到紧张，讲一讲你曾经勇敢地战胜恐惧的经历，再列出自己接下来想要挑战的事项，然后在短期内挑战自己吧！

◎什么事会让你感到紧张？

◎你曾经勇敢地战胜恐惧的经历是怎样的？

◎你还想要挑战哪些事项？

怎么办？这事肯定要泡汤了

米乐最近迷上了滑轮滑，她参加了小区里的轮滑兴趣小组，学得还算认真。

为了督促大家训练，也顺便检验一下小组成员的训练成果，小组决定在周六上午进行一场汇报演出。为了能在演出中表现得更好，米乐一有空闲就抓紧练习。

很快，汇报演出的日子就来了。大家有条不紊地排成一排，向前滑，向后滑，转圈圈，变换队形和姿势，赢得了观众一阵阵热烈的掌声。

眼看演出马上要接近尾声，可却发生了意外，米乐一个没注意摔倒了，旁边的队员也被这一幕吓到了，呆呆地看着米乐。幸好有个队员反应过来，连忙拉起米乐，看到米乐没有受伤，便让米乐在一旁休息。

轮滑演出结束后，米乐仍然坐在广场的椅子上，把头低得很低。

爸爸妈妈看到米乐这么难受，连忙安慰："摔倒了也没关系，你表现得已经很好了。"

米乐抽泣着说："不好，一点儿都不好。"

爸爸继续安慰米乐："你还记得刚学轮滑的时候吗？也并不是一帆风顺的，你也是在摔倒了很多次之后才慢慢掌握了要领的。相比之前，你现在已经进步很多了。所以，不要再否定自己了。"

米乐说："我这次摔倒了，没表现好，接下来肯定也学不好了，每次演出都会出错，我还是不学了，我永远也学不好轮滑了。"

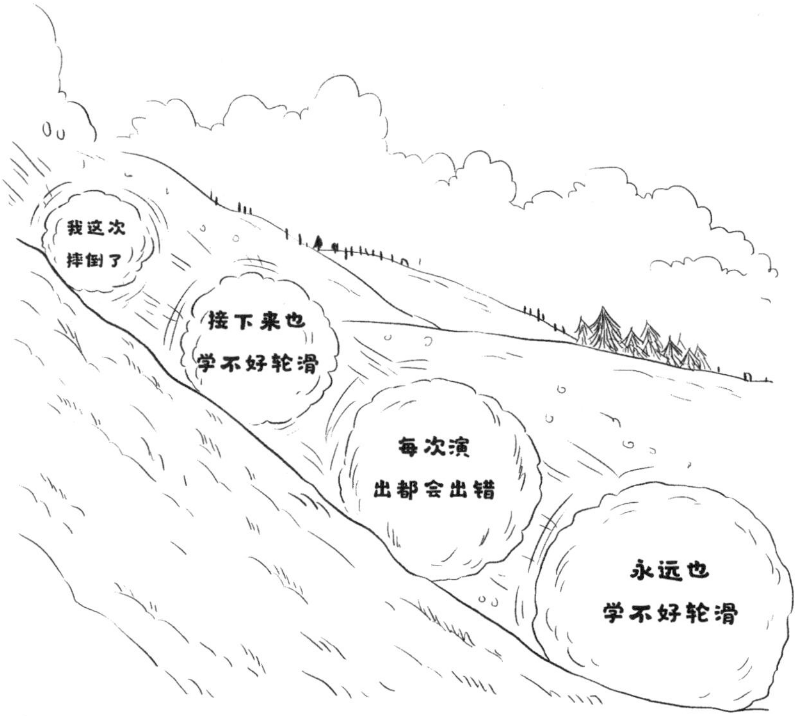

听到米乐这么说，爸爸知道米乐又产生了灾难性想法，她在以悲观的方式预测未来。爸爸知道此时讲道理米乐也听不进去，于是就带着米乐去吃她爱吃的冰激凌了。

情绪能量站

有些人会认为一件小事也会导致灾难性的后果，会从一件小事上联想出各种不切实际的想法，而且越想越觉得恐怖。这种灾难性想法就像是从山上滚下来的雪球，越滚越大，最终会让人误以为将会发生巨大的灾难。

其实，这种灾难性想法是一种无益想法。当人们产生灾难性想法时，他们认为这些事情将要发生，但实际上，这些事情未必会发生，他们只是在以自己夸张式的悲观想法在预测未来，并将这种预测当成了现实。

如果你也经常产生这样或那样的灾难性想法，那就在这种灾难雪球没有变大之前及时地改变你的想法吧！毕竟你脑中想象出来的画面可能会发生，但也可能并不会发生。

挑战你的灾难性想法

当灾难性想法阻碍你时，请你及时改变你的想法，扫除令你担忧难过的负面情绪。请你牢记以下几点原则：

◆ 不要假设所有的事情都会出错。

◆ 不要让你的负面想法像雪球一样越滚越大。

◆ 不要忘记有些事情不会发生。

如果你不确定自己的想法是不是一个灾难性想法，那就找爸爸妈妈聊一聊，通过沟通，你可能会发现自己的那些担忧在很大程度上并不会发生。所以，请你不要把可能发生的事情当成肯定会发生的事情，不要让这种想法影响你的情绪。

第四章

社交情绪知多少

朋友借东西不还，我要怎么说

今天，米乐去琪琪家玩，她们一起看电视、吃点心，还玩了很多有意思的游戏。后来，她们都玩累了，便靠在沙发上休息。米乐看到了自己曾经借给琪琪的成语故事书，便想起了琪琪当时跟自己借书的情景：

上周，琪琪去米乐家玩，临走的时候，琪琪对米乐说："米乐，你这本成语故事书可真有意思，借我看几天吧！"米乐虽然很舍不得，但还是借给了琪琪。

可是一个星期过去了，琪琪还没有还书。米乐很喜欢这本书，也想时不时地翻看，她想要琪琪快点儿还书，可是又不知道要怎么说。她担心直接要书会影响她和琪琪的友情，可是不跟琪琪说，她又想看这本书。

米乐伸了伸懒腰，从琪琪的书架上取出自己的这本书，开始翻看起来。

琪琪见米乐开始读书，便凑到米乐旁边，想要和米乐一起看这本书。

米乐有点儿心不在焉，她一边看书，一边想着要怎么跟琪琪说。米乐还没有想好措辞，琪琪就邀请米乐去看自己养的小宠物——小乌龟。

直到妈妈来接米乐，米乐还是没能说出让琪琪还书。米乐很生气，她既生气琪琪不按时还书，也生气自己没有勇气要书。在回家的路上，米乐暗下决心，明天一定要让琪琪还书，可是，她要怎么说呢？

情绪能量站

人际信任，指的是在人际交往的过程中，一个人对另一个人的言辞、道德品质等方面的信任感。

当我们信任一个人的时候，我们就要承受由对方的行为所带来的损失与风险。比如我们信任对方，借物品给对方，就要承受对方可能将这件物品据为己有的风险。但人际信任具有脆弱性，当这种情形真的发生时，我们会受到伤害，我们之前对对方的信任也会被破坏。

讨还借出的物品

对方没有及时归还物品，存在多种可能，比如忘记了、弄丢了、还在用等。不论是因为什么，错误都在对方那里，不好意思的应该是对方。

有借有还，理所当然。你不必觉得不好意思，可以理直气壮地讨还借出的物品。当然，这并不是让你站在道德的制高点去指责对方，而是根据实际情况采取相应的说话方式。

我们需要先询问对方这件物品的使用情况，如果对方仍然要用，那就问问对方还需要多长时间，并告知对方这件物品对你来说是很重要的。

如果对方忘记了，并真诚地道歉，我们可以试着包容对方，然后让对方现在或者尽快还你就好了；如果对方还是拖延，或者就是不想还，那我们可以告诉对方这样做的一些后果，比如以后再也不借给他东西了，他的信誉会受到影响，很多人都不会再跟他交朋友了，等等。

朋友不遵守约定，我很生气

米乐回到家，把自己的心事告诉了爸爸妈妈。爸爸妈妈建议米乐将自己的心情与态度告诉琪琪。于是，米乐鼓起勇气给琪琪家打去了电话。

“琪琪，我的成语故事书明天还我吧。这本书我也需要看的。”米乐在电话的这一头忐忑地说着。

“好，没问题，我明天拿到学校去还给你。”琪琪答应得很爽快，米乐悬着的心也终于放了下来。

第二天，米乐开开心心地去上学了，可是两节课都过去了，琪琪还是没有还书。在大课间的时候，米乐主动走到琪琪的座位旁，对琪琪说：“琪琪，把我的成语故事书还给我吧。”

琪琪挠了挠头，不好意思地说道：“对不起啊，米乐，我早上出门着急，忘记带过来了。”

“那你什么时候还我呢？”

“我想起来的时候就会还你的，别那么小气嘛。”

“可是你明明说今天还我的，那本书我也很喜欢，也想要看的。”米乐越说越觉得委屈，越说越生气。

“那你要是着急的话，就今天晚上去我家里拿好了。”琪琪说道。

米乐怏怏不乐地回到自己的座位上。

中午的时候，米乐借用老师的手机给妈妈打了电话，说想要晚上先去琪琪家拿故事书，妈妈欣然应允，答应跟米乐一起去拿故事书，米乐这才开心了一些。

情绪能量站

当对方没有按照说好的约定去做时，我们很容易就会生气，因为我们原本在心中预设了这个约定，认为约定的事项是肯定会发生的，但结果事与愿违，这种巨大的落差感会让我们觉得难以接受。

诚信是一种好品质，而遵守约定、信守承诺就是有诚信的体现。

当对方没有遵守约定时，你会感到生气。但事情已经发生了，过度生气对解决问题也无济于事。所以，当对方失约时，我们不如先放下情绪，冷静地想一想接下来自己要怎么做。

在大多数情况下，人们都是愿意去遵守约定的。别人失约，有时候可能也有可以理解的原因。如果对方真有不得已的理由，我们可以在沟通之后再给对方一次机会。当然，如果你实在生气，不想原谅对方，也可以选择不原谅，毕竟失约的是对方，他就应该承担失约带来的后果。当然，对于习惯性不遵守约定的人，就要另当别论了。

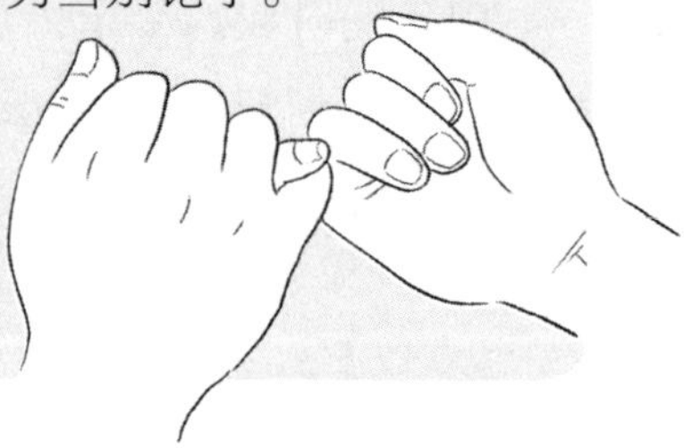

“不生闷气”练习

别人失约，我们会生气，也会觉得烦心。为了避免此类事情再次发生，我们可以把自己的心情表达出来，并说清楚希望对方怎样做。

想一想，你为什么生气？（在下面的横线处填上你的其他想法吧。）

* 因为对方失约了，打乱了我的计划。
* 因为对方不诚信，破坏了我对他（她）的信任感。
* 因为对方忽视了我。
* ______________________________。

试试采用下面的说话方式，将你的情绪表达出来吧！

先说自己的心情，再告诉对方你希望他（她）怎么做。

◆这件事你失约了，我感到很伤心，我本来很期待的。我还想继续跟你做朋友，希望你下次可以遵守约定。

发现朋友说自己坏话怎么办

本以为“还书风波”就这样过去了，没想到这却让米乐陷入了另一个麻烦。

米乐刚走进校门，就看到琪琪和其他几个同学在前面走，她们有说有笑的。米乐听到琪琪说：“真是太小气了！”

米乐突然想到昨晚自己跟妈妈去琪琪家拿成语故事书的事情，于是疑惑道：“琪琪不是在说我吧？难道她是在说我小气吗？”米乐越想越生气：“可是我借给她好久了，她说昨天拿到学校来还我的，结果也没拿来，我就自己去她家取了。”

“嗨，米乐！”琪琪跟米乐打招呼。

米乐气得没有理睬琪琪，快步朝教室走去。

“米乐，刚才在路上我叫你，你没听到吗？”琪琪跟其他几个同学也加快了脚步。

“琪琪，你为什么说我坏话？”米乐终于鼓起勇气问了出来。

“啊？什么时候？米乐，你在说什么呀？”琪琪睁着两只大眼睛疑惑地问道。

“刚才我都听见了，你说我小气。”

“没有吧。”琪琪仔细回忆了一下自己刚才说过的话，恍然大悟道，“米乐，你听错了！我没有说你，我们在聊养小猫的事儿，我想让妈妈给我买一只小猫，可是妈妈担心我照顾不好，不肯给我买，我就跟同学们说我妈妈太小气了。”

旁边的几位同学纷纷点头表示赞同，米乐羞愧得无地自容，她赶忙向琪琪道歉：“对不起，琪琪，是我误会你了。”

“没事的，米乐。你前几天还借书给我看呢，我怎么会说你小气呢？”

“那……我们还是好朋友。”

“当然了。”琪琪说，“我们赶紧走吧，快上课了。”

情绪能量站

相信你如果遇到朋友说自己的坏话这样的事情，也会很愤怒。但是不经求证就一味地向别人发泄自己的愤怒，恨不得当面对质；或者隐藏自己的真实情感，假装什么都没发生，但心里却已经与朋友有了隔阂，都是不可取的。这两种做法只会进一步激化矛盾，使你和朋友很难再好好相处。

朋友之间相互评价很正常，有时可能并没有恶意。在不清楚事实真相的时候，不要先入为主地认为朋友就是在说自己坏话。

给对方一个解释的机会，有助于你更全面地了解当时的情况，也许这件事只是一场误会。

积极型解决方案

积极的解决方案是先向对方求证，看其中是否有误会，对方是否真的说了自己坏话，然后通过沟通找到这件事的解决办法。

如果是误会，那说开了就好了；如果对方真的说了自己的坏话，那可以问问对方为何这么想、这样说，然后表达一下自己的想法与感受，并和对方商量出一个让双方都满意的解决办法。

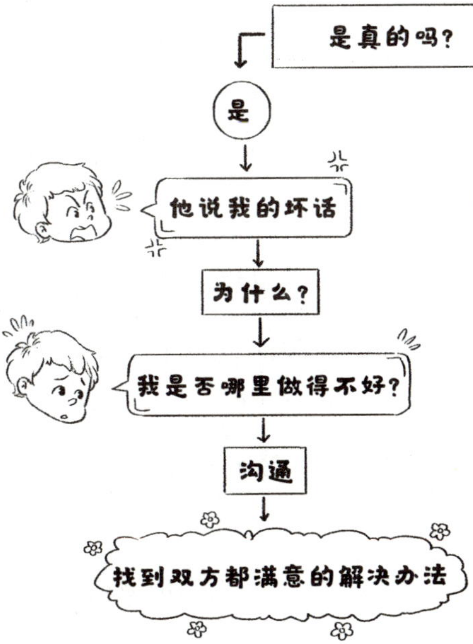

不合理的要求可以拒绝吗

这节课是体育课，体育老师先是带领同学们做了一些热身运动，然后就让大家自由结组，选择自己感兴趣的项目去玩。体育器材也放在了操场上，有篮球、足球、羽毛球、乒乓球、跳绳、呼啦圈等。

米乐与可可两个人商量好要一起打羽毛球，她们拿到球拍就朝着羽毛球场走去。她们刚开始打羽毛球，就有两个男同学拿着乒乓球拍走了过来。

其中一个男同学说："同学，我们交换一下吧，你们俩打乒乓球，我们俩打羽毛球。"

"可是我不会打乒乓球啊。"米乐为难地说道。

"不会打正好可以学啊！"

“可是，我才刚开始打上羽毛球，你们想玩可以自己去拿羽毛球拍……”米乐说话的声音越来越低。

“羽毛球拍都被拿走了，所以我们才来找你们换。”

这时，可可勇敢地说：“我们不换。我们也想打羽毛球，不想打乒乓球。如果你们不想打乒乓球，就跟老师说，让老师给你们找羽毛球拍吧！”

两个男生听到可可的话，也觉得有道理。他们自责为什么自己没有想到这个办法。

等两个男生走后，米乐伸出大拇指对可可说："可可，你可真勇敢，我要向你学习。"

"这没什么，我们不用勉强自己，不合理的要求就拒绝呗。"

情绪能量站

同学之间遇到困难，需要互帮互助。但当有些同学向你提出超出你的能力或者违背你本心的要求时，你就要学会拒绝。

有些朋友可能会通过情感操纵的方式来威胁你，比如以"如果你不帮我，我们就不是好朋友""你不够朋友""我们还是不是好朋友了？"等这样的说法让你去做你不愿意做的事情。如果你的内心并不情愿这样做，那就不要理会对方这种只为自己达成目的的自私行为。

告诉对方“我的感受”

对于对方提出来的不合理要求，我们可以以“我的感受”来回绝对方，这样既可以准确表达自己的感受，不会委屈自己，又不会引起对方的反感。

在沟通时，尽量少用“你”，弱化“你的行为”；多用“我”，强调“我的想法与感受”。

比如：

“我不赞成你的看法。”

“我不想这样做。”

“你这样做，我感到很失望。”

“你那样说我，我很伤心。”

“我希望你能改变看法。”

被怀疑偷东西，我太冤枉了

“米乐，你看，这是我新买的发卡，是不是很漂亮？”莎莎把头上别着的发卡拿在手里，让米乐看。

“真的好漂亮。”米乐兴奋地问道，“你在哪里买的呀？”

“这是我阿姨在外地买了邮寄过来的，咱们这里没有卖的呢！”莎莎骄傲地说道。

接下来的几天，莎莎每天都戴着这个发卡。

一天，第二节课下课后，莎莎就“呜呜呜”地哭了起来。同学们都围过来问莎莎怎么了。莎莎一边啜泣一边说：“我的发卡丢了，找不到了。”

“你好好想想，是不是放在别的地方忘记了？”有同学给她出主意。

“我都想过了，没有。书包里、桌斗里都找了，都没有。”

“那你是不是放在家里了啊？”

“我记得今天早上戴在头上了。”

“该不会是被偷了吧？”不知是哪位同学说出了这句话，教室里瞬间安静了下来。

不一会儿，大家就开始窃窃私语，有人突然说了一句：“米乐还说过喜欢你的发卡呢，该不会是米乐拿的吧？”

米乐听到这话，连忙摆手说：“不是我，不是我，我今天也没见到莎莎的发卡。”

看同学们都盯着自己，米乐觉得既委屈又气愤。自己明明没有拿莎莎的发卡，可是却因为同学的一句话便受到了怀疑，被冤枉了。

幸好第二天，莎莎在家里找到了发卡，原来是昨天莎莎戴发卡的时候没有戴好，走几步就掉在地上了，后来还是妈妈收拾屋子的时候看到的。

情绪能量站

被同学怀疑偷了东西，这感觉确实不好受，你可能会觉得很委屈，很冤枉。面对嫌疑，你可以把自己知道的情况详细地说出来，也许对方忘记了当时的具体情况，只是想确认下东西是否在你这里。

在与同学相处的过程中，我们都会对一个人的性格、品德等方面有个基本的判断。同学冤枉你，可能并不是真的怀疑你，而只是因为太着急了。你可以明确告诉对方自己并不会做这样的事情，让对方知道你做事的原则与底线。然后，不要让这件事影响你的正常学习与生活，毕竟你并没有做错什么。

被怀疑后的处理方式

被别人怀疑时，你可能会紧张气愤，甚至还有一股火气无处发泄，但这对于解决问题并没有实质性的帮助。所以遇到这种状况时，你要先平复自己的情绪，将情况梳理清楚，然后再选择合适的处理方式。

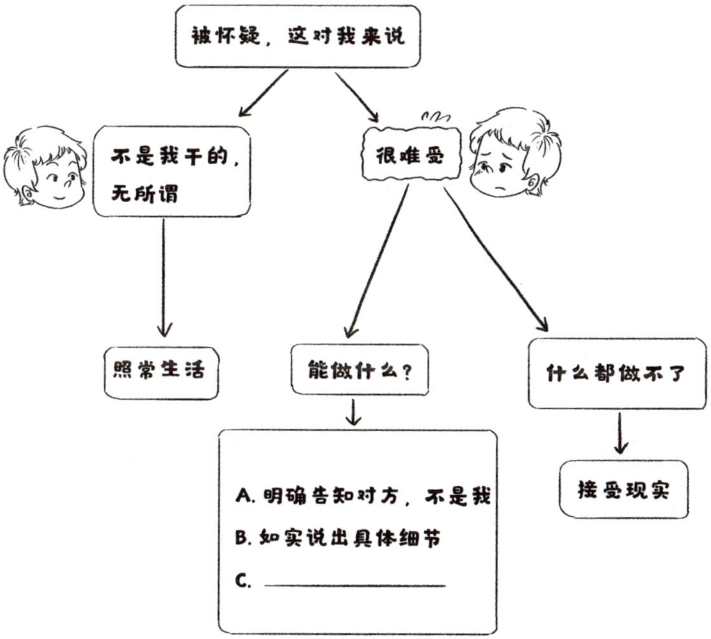

游戏中被同伴嫌弃了怎么办

“米乐，你快点儿猜啊！”

“别着急，别着急，我肯定能猜出来的。”

“哎呀，米乐，我们要输了！你快点儿吧！”

……

丁零零！游戏结束的铃声响起，毫无疑问，米乐这一队输了比赛。原来，米乐和小伙伴们正在玩猜字游戏。他们一共有五个人，其中一个人当裁判，负责出题与计分。其余四个人分成了两队，每队中的一个成员在另一成员的背上写字，让对方猜写的是什么字，猜出一个积 1 分。

“米乐，你怎么能一个字都猜不出来呢？都是这么简单的字。”比赛结束后，米乐的队友抱怨道。

“对不起，我真的努力猜了。”

“哎呀，算了。”米乐的队友梓硕很无奈，便对这些小伙伴说，“你们要换队吗？我不想跟米乐一队了。”

刚刚在游戏中获胜的那一组队员觉得彼此很有默契，不想换队友。

“绮梦，你愿意跟我一队吗？”梓硕向刚才当裁判的绮梦问道。

“我也想试试，不知道自己的表现会怎么样。”绮梦之前并没有玩过这个游戏，有些不自信。

“米乐，那这一轮你来当裁判吧，不要参与游戏了。”梓硕建议道。

米乐也觉得自己帮不上什么忙，就点了点头。

接下来的游戏进行得很顺利，他们又换了队伍进行了几轮游戏，但是由于没有人愿意跟米乐组队，米乐就只能一直当裁判了。

情绪能量站

跟小伙伴一起玩游戏，虽然我们经常说重在参与，是为了娱乐，但毫无疑问，我们都想要赢，不想输。如果你在游戏中的表现并不出色，甚至拖了后腿，那就不免会被嫌弃了。

你的小伙伴在这个游戏中嫌弃你，只能说明你在这个游戏中的表现没有达到他的预期，但这并不代表他就看轻了你，你也没必要贬低自己。

不同的游戏对我们的要求也不一样，有的游戏需要动脑，有的游戏则需要体力，还有的游戏需要策略……这个游戏你玩得不好，并不意味着其他游戏你也玩不好，总有某个领域是你擅长的。

被嫌弃了怎么办？

真正的朋友不会有意伤害你，他们会照顾你的情绪，如果他们发现自己的行为伤害到了你，他们也会真诚地道歉。但我们自己也要努力，不能依赖朋友的包容，在游戏中还是拖后腿。

如果你仍然想要跟朋友们一起玩自己不擅长的游戏，不如就向游戏玩得好的伙伴取取经吧，问问他们有什么诀窍。

除了参与游戏，制定规则、当裁判这些事情同样也需要有人来做。如果你感兴趣的话，也可以钻研一下。为原有的游戏增加一些新的挑战，不也很有趣吗？

与朋友发生口角要怎么解决

前几天，米乐认识了同小区的姐姐齐玥，这几天放学后米乐都跟着齐玥姐姐一起玩儿。

周末，米乐邀请齐玥姐姐来她家玩乐高。她们玩儿得很开心，她们用乐高拼了一座漂亮的城堡。米乐很自豪，兴奋地叫妈妈来看："妈妈，妈妈，您快来呀！"

可是还没等妈妈走过来，城堡就被齐玥不小心碰倒了，齐玥的脚被乐高硌得直疼，但米乐只注意到城堡被毁了，委屈地抱怨道："你干什么呀？城堡都被你给毁了，你赔我的城堡。"

"我不是故意的。"齐玥也很委屈。

"你真讨厌，我以后再也不跟你玩了。"

“哼，我也不跟你玩了！”

两个人就这样不欢而散了。

妈妈来到客厅时，只看到齐玥不高兴地跑出了门。妈妈回过头来关切地问米乐：“发生什么事了？”

米乐就把刚才发生的事情一五一十地跟妈妈说了，说完还补充了一句：“齐玥姐姐太讨厌了，把我拼了好久的城堡给踩坏了！”

“可这个城堡是你们一起拼的吧？”

“嗯，是我们一起拼的。”

“那齐玥姐姐是故意的吗？”

“不是。”

“那你换位思考一下，如果是你踩坏了你们一起拼的城堡，你会是什么感受？你会希望另一个人怎么做呢？”

“那我应该会很难受吧，想要得到安慰……”

“那你现在知道该怎么做了吗？我们要怎么弥补呢？”

“可是齐玥姐姐说以后再也不跟我玩儿了。我要是主动去道歉，也太没面子了。”

“那你仔细想一想，你以后还想跟齐玥姐姐一起玩儿吗？”

“我当时说不跟她玩儿是气话，不是真的。”米乐又想了想，然后说道，“妈妈，我要去跟齐玥姐姐道歉。”

情绪能量站

朋友之间相处，难免会有矛盾，有分歧。有一句俗语叫“不打不相识”，意思是经过交手之后，双方会更了解彼此，从而可以更好地相处。当然，这并不是让你与朋友们交往时都要先和对方吵一架或者打一架。

从心理学上来说，与朋友发生冲突、口角是因为对朋友不了解，而这种冲突恰好可以帮助我们发现对方的优点，知道对方内心深处的想法，进而可以更好地尊重并认可对方。

谁先表示和好，说明谁先放下了分歧，调整好了情绪。所以，主动去道歉并不会让你显得卑微或者丢了面子。相反，这还能体现出你心胸宽广，想要维护这段友情。

事件复盘挑战

与朋友发生了争吵，如果你还在犹豫是否要去道歉，那不妨先将整个事件复盘一下。

请你回想一下事件发生的整个过程，并按要求填写以下内容：

1. 发生了什么事？

（例：齐玥弄坏了我的乐高城堡。）

2. 你的反应如何？

（例：我很生气，并说以后再也不和她一起玩儿了。）

3. 你认为对方的想法是什么？

（例：齐玥应该不是故意的，她也很伤心。）

4. 现在你的心情如何？

（例：我感到有些内疚、有些后悔。）

5. 现在你打算怎么做？

（例：我要去向齐玥道歉，希望我们能继续当好朋友。）

第五章

安放你的学习小情绪

上课总是分心，无法专注

米乐最近总是为上课听讲的事情发愁。

每次上课，米乐都会集中精力去听课，可听着听着，米乐的思绪就会飞向别处：有时候她会看看窗外飞过来的小鸟，有时候她会在脑中想下课后的娱乐活动，有时候她也会在纸上画画……

很多时候，直到“丁零零”的下课铃声响起，米乐才会从开小差的思绪中回过神来，然后便会责备自己不该走神。

这一天上课，米乐又习惯地走神了，根本没听到老师在说什么，直到后面的同学用手碰了下她的胳膊，她才回过神来，这才听到老师说：“李米乐，你接着读课文吧。”

米乐不知道要从哪里开始读，她支支吾吾地用眼神向老师求助，老师便提醒了一下米乐。虽然课文是顺利地读完了，但是米乐再也不想发生这样的事了。

下课后，米乐主动找到了语文老师，向老师说了自己的苦恼：“田老师，我最近上课总是分心，无法专注，我也想要好好听课的，可是……”米乐说着说着就低下了头，越说越感到委屈。

“米乐，老师知道你是个好孩子。你也别担心，专注力是可以训练出来的。”

听到老师这么说，米乐瞬间就高兴了起来，她睁大眼睛看着老师，疑惑地问：“那我要怎么做呢？”

老师说：“这样吧，老师帮你量身定制一个专注力训练计划。

下节课老师还要去别的班级上课，等午休的时候我们再详细说，好不好？”

“好，谢谢田老师。”米乐重重地点了点头。

情绪能量站

专注力，指的是人对一件事保持专注的能力。如果在做事的时候无法专注，经常分心，就没办法真正做好这件事。

影响专注力的因素有很多，主要涉及以下四个方面：

1. 对事物感兴趣的程度。如果事物本身对你具有吸引力，你就更容易投入其中，专注起来。

2. 与他人的互动情况。如果在活动中，别人可以带给你比较好的感受或者积极有趣的体验，你会觉得很有意思，就不会分心；反之，如果活动中的气氛令你感到不快，你就不容易保持专注。

3. 自身的身体状态与情绪状态。身体状态良好，情绪稳定，更容易专注。

4. 意志力。一般来说，坚持一件事的意志力越强，专注力也会越好。

不分心挑战

不分心挑战需要你在 3 分钟的时间内将注意力集中到某一件事情上，比如听自己的呼吸声，看腹部的呼吸起伏。在这个过程中，你不能说话也不能动。你可能觉得这很简单，别着急，规则还没介绍完呢。

你的爸爸妈妈或者朋友可以干扰你，除了触碰你，他们做什么都可以，比如讲笑话、跳搞笑的舞蹈、用零食或玩具诱惑你等。如果你动了或者说话了，你就挑战失败了。

小提示

你也可以与爸爸妈妈互换角色，想办法分散他们的注意力。

很多事情只要投入其中，就都很有意思。所以，快快行动起来吧，让你的专注时间变得越来越长。

没听懂，怕丢面子不敢提问

在数学课上，齐老师讲完这一节的知识点后，问同学们："关于这节课的内容，大家如果哪里没听懂，可以举手提问哟！"

齐老师的话音刚落，周思思就举起了手，征得同意后，她说出了自己的疑惑："这里为什么……"

米乐也有一些知识点没听懂，她正犹豫着要不要举手。她的脑中一直在思考着：

"如果我说了自己没听懂，老师和同学们会笑话我吧？"

"如果我问问题说不清楚，老师会不耐烦吗？"

"这个问题没听懂，应该也没太大的关系吧？"

"如果别人都懂，就我没听懂，那也太没面子了。"

…………

米乐的顾虑在脑中还没罗列完，下课铃就响了，她又开始后悔：“要是我能再勇敢一点儿就好了。”

米乐看了看旁边的邵阳，问：“邵阳，这节课讲的内容你都听懂了吗？”

邵阳点了点头，回复道：“当然了。”

米乐继续追问：“那你能给我讲一下这道题吗？”

邵阳感到疑惑，问道：“你是要考验我吗？难道要检查一下我的学习成果？”

“不不不，当然不是。”

“那你刚才怎么不问老师呢？”

“我怕老师觉得我笨。”米乐委屈地低下了头。

“好吧好吧，我来给你讲。”

经过邵阳热心又详细的讲解，米乐恍然大悟：“原来是这么回事啊，我明白了。谢谢你，邵阳。”

这下米乐觉得轻松多了，高高兴兴地跟着同学们一起去玩了。

情绪能量站

“不懂就问”确实是一件说起来容易做起来困难的事情。但是我们学习的基本任务就是把知识点搞懂、学透。所以，你如果遇到不懂的问题，就勇敢地提问吧。

学习是一个知识积累的过程，如果学得不扎实，基础打得不牢，你就会觉得接下来的学习越来越吃力。

请你想一下，你会因为有同学提问而嘲笑他吗？你会觉得他笨吗？很多时候，我们对问问题的同学更多的，是佩服他们的勇气。所以，不要担心你的同学与老师会嘲笑你，不懂就问吧！

转变想法练习

你的错误想法会影响你的情绪，影响你在课堂上的听课效果。如果你也产生了这样或者那样的错误想法，就试着朝正确的想法去转变吧。

你的错误想法	你应该有的正确想法
老师讲过的问题，我再去问，老师会嫌我烦，不喜欢我。	即使我问的问题老师已经讲过，老师也不会责怪我，反而会认为我积极好学。
如果别人都懂，就我没听懂，那也太没面子了。	“不懂就问”是一种非常勇敢的行为，并不会让我丢面子。难道我会因为其他同学问问题而嘲笑他们吗？
万一我问问题说得不清楚怎么办？	在提问之前，我会先构思一下怎么说。梳理清楚之后再提问。

学习计划半途而废，有挫败感

妈妈看到米乐坐在书桌旁一边写东西一边嘀嘀咕咕的，便问道："米乐，你在做什么呢？"

"妈妈，我正在制订学习计划呢，不要打扰我。"

过了一段时间，米乐终于抬起了头，伸展了下两只胳膊，兴奋地说："终于弄完了。"

米乐的举动引起了爸爸妈妈的好奇心，他们停下手头的事情，来到米乐的房间，然后就看到了米乐写在纸上的学习计划表。

本周学习计划表

	背古诗词	10首
ABC	背英语单词	50个
	写作文	10篇
	读课外书	5本
	练字帖	5本

“米乐，你这个计划能完成吗？”爸爸对此表示怀疑。

“当然可以了，我已经下定决心了！”米乐信誓旦旦地说。

“那你可要加油了。”

“嗯，我先找欣欣玩一会儿，回来就开始读书！”米乐刚说完就穿好鞋子，跑出了家门。快到吃晚饭的时候米乐才回来。饭后，妈妈提醒米乐：“米乐，你的计划完成多少了？”

“不着急，今天才第一天，还有好几天呢！”

接下来的几天，米乐以“家庭作业多”“先看一会儿动画片”“跟朋友约了一起打羽毛球”等各式各样的理由推迟去完成学习计划，结果等到了最后一天的时候，米乐还没有完成计划的三分之一。

本周学习计划表

	背古诗词	10 首 X
	背英语单词	50 个 X
	写作文	10 篇 X
	读课外书	5 本 X
	练字帖	5 本 X

米乐感到既挫败又懊悔："做了学习计划也没完成，太难过了。要不我还是不做计划了，反正计划赶不上变化。"

"米乐，妈妈觉得是你做的计划不太合理，在制订计划的时候，你的要求太高了。要是你能够细化每天的学习任务，然后再汇总，那完成的效果应该会好得多。"

"好吧，那我就再试一次吧。"

情绪能量站

制订的计划无法完成，你难免会觉得低落，有挫败感。但如果你跟同学或者父母进行过这方面的沟通，你就会发现，很多人都有跟你同样的经历：在制订计划的时候信心百倍，认为自己可以完成得很好，做得很多；而在实际的践行过程中，却发现想得容易做起来难。

其实，要完成自己制订的计划，除了要有良好的自律能力外，还要保证学习计划的合理性。如果你也像米乐一样，制订的计划超出了自己所能完成的范围，那要实现这个计划的难度就会很大，你的积极性也会受到打击。

所以，你在制订计划时，尤其是具体到每周、每天的任务时，都不要太难，最好是自己稍微努力一下就能够实现的。米乐制订的学习计划表，可以做如下更改：

本周学习计划表

	背古诗词	3首
	背英语单词	10个
	写作文	5篇
	读课外书	1本
	练字帖	5页

日学习计划

学习计划中的每项任务的完成顺序也有先后，在制订计划时，我们也需要将每天要完成的任务进行排序，并计划好每项任务的完成时间。

尤其是在周六、周日的时候，我们需要将时间安排好，以便顺利地完成学习计划。这不仅有助于培养我们的学习积极性，还会让我们的心情变得更好。

如下是一张日学习计划表：

日学习计划表

	背古诗词	8:00-9:00
ABC	背英语单词	9:30-10:00
	写作文	14:00-15:00
	读课外书	15:30-16:00
	练字帖	19:00-20:00

请你结合自己的实际情况，也制订一下学习计划表吧！以便以最佳的状态应对学习，让学习有条不紊地进行。

考试前坐立不安，紧张焦虑

马上要到期末考试了，米乐这几天紧张得饭也吃不好，觉也睡不好。

为了考出一个好成绩，米乐还开始了“题海战术”。可是在检查答案时，米乐却发现自己做错了好多题，有些是因为粗心看错了题目，有些是计算的时候出现了失误，还有的是因为知识点掌握得不牢……米乐的情绪很低落，她特别担心自己考不好。

爸爸妈妈一直宽慰米乐：“一次考不好也没什么，压力不要那么大。不然我们周末去动物园散散心吧。”

米乐虽然很想去动物园，但考试来临前的那种焦虑让她做什么事都提不起兴趣，她摇了摇头，说：“算了，我还是继续做题吧！”

终于熬到了考试这一天，直到老师发卷子的前一刻，米乐还紧张得坐立难安，但等真正答卷的时候，米乐发现自己竟然慢慢地平静了，原来考试也并不像她想象中的那么可怕。

但是由于米乐最近都没有休息好，所以复习的效果并不是很好，有些题目米乐记得老师是讲过类似的，但是怎么想都想不起来是怎么做的了。

在考试的后半段，米乐困得晕乎乎的，差点儿趴在课桌上睡着了。她暗下决心：下次考试前，我一定要好好睡觉。

随着铃声的响起，考试终于结束了，米乐也终于可以好好休息一下了。

情绪能量站

考前紧张，是很多人都会遇到的问题。之所以会这样，是因为我们都希望能取得好成绩，给自己施加了太大的压力，这说明你对待学习很认真。但如果过度担忧自己的成绩，反而会让你失去学习的乐趣。

其实，你只要在考试前认真复习，发挥出自己应有的水平就行。当然，你也可以制订复习计划，降低对自己的预期，有条不紊地准备着。

如果你仍然觉得紧张、焦虑，那么你可以试试通过运动的方法来缓解。运动不仅能为你带来平静和活力，还有助于消耗你体内多余的能量。所以，试着通过运动将体内的不安、紧张、焦虑等负面情绪都消耗掉吧！

你可以尝试通过活动身体的各个部位，散步、跳舞、转呼啦圈、跳绳等，让自己的思绪从考试中走出来。

压力追踪练习

考试会给我们带来压力，这不可避免，我们要做的就是更好地应对它们。除了要做好充分的准备外，还可以进行压力追踪，找到压力源，以及压力出现的时间、地点和原因，以便于我们将压力释放出来。

请你按照下页表中的示例，结合自己的实际情况，填写下页的表格吧，然后有条不紊地去复习，应对即将到来的考试。

追踪你的压力			
压力源（什么让你感到有压力？）	**时间**（从什么时候开始觉得有压力？）	**原因**（为什么会有压力？）	**应对方式**（这种压力如何缓解？）
考试	得知要考试的前一周	想要考高分，但担心考不好	运动 / 与父母谈心 / 认真复习

考试成绩不理想，懊悔难受

米乐这次的考试并没有取得理想的成绩，她觉得自己之前的努力全都白费了，很懊恼，也很自责。

“我这么努力，还是做错了这么多题目，考得这么差，那我还是不要努力算了。”米乐气得发泄道。

“妈妈知道你生自己的气，说的是气话。其实你想一想，考砸一次又有什么关系呢？爸爸妈妈又不会因为你考砸了而不爱你，你的朋友们也不会因此而疏远你。而且，你反而可以吸取这次的教训，避免在下次考试的时候再犯同样的错误呢。”

“可我就是不甘心啊！为什么我这么努力地准备考试，吃不好睡不好的，结果还是没考好呢？”米乐说着说着就要哭起来。

“这可能就是问题所在了，”妈妈顿了顿，说道，“考试成绩可以反映你对所学课程的掌握程度，但同时也会受到考试时，你的身体状态和心理状态的影响。”

“我就是考试的时候觉得有点儿犯困，可是我并没有睡着啊。”

“考试的时候犯困，那你的大脑可能就会没有那么活跃，思考问题也会变慢，这就会影响你的答题速度，可能也会导致你答得慢或者没有时间检查。”

米乐回想了下考试时的情况，自己确实没有检查的时间。

妈妈继续说道：“米乐，你可以把考试看成打篮球，即使是专业的运动员，也不能保证每次投篮都能精准投进篮筐，可能有时候会进球，有时候球会偏向场外，有时候球会打到篮筐边弹出去，一次没进球没什么大不了的。所以，考试考砸一次两次也没关系。”

听了妈妈的话，米乐又思考了一下，也觉得是给自己太大压力了，她决定下次考试时要保持平常心，发挥出自己的真实水平。

情绪能量站

当你没有取得理想的考试成绩时，

→你可能会懊恼，责怪自己：“我本来可以考得更好的，我本来应该可以……”

→你也可能会不接受现实，将责任归咎到他人身上：“老师出的考试题目太难了，很多考高分的都是靠运气！”

→你还可能会自我麻痹，盲目自信：“这不是我的真实水平，这些题目我都是会做的，只是粗心才做错了。”

→你还可能会给自己找借口：“我考试那天没睡好，迷迷糊糊的……”

…………

梳理丢分因素

考试发挥失常确实会存在各种各样的原因，但不可否认的是，这其中肯定存在“你的表现不佳”这一主观因素。

但一次的考试失利并不能真正反映你的水平，每一个导致你成绩不理想的偶然因素，都有相应的解决方案。

所以，不要陷在考试失利的情绪中，想一想如何做才能在下次的考试中表现得更好吧。

考试之后，我们也要进行复盘，梳理一下使我们丢分的原因有哪些，比如知识点掌握得不牢固、背诵的内容记得不深刻、没有控制好答题时间、没有检查、身体不舒服、心里紧张等。然后把这些丢分因素记录下来，总结教训，避免在之后的考试中再次发生这样的事情。

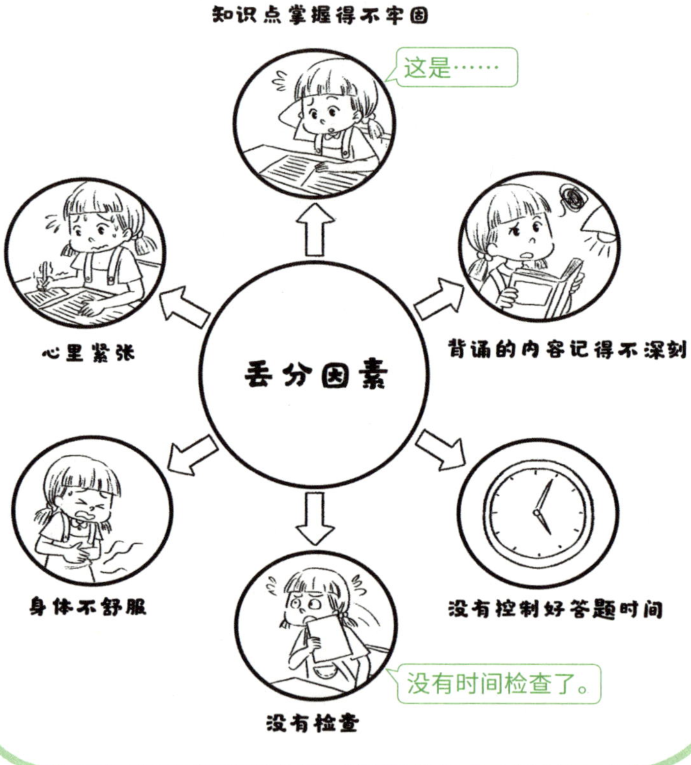

我永远也学不会，还是不学了

“爸爸，我画画太难看了，我还是不学了吧。”正在画画的米乐突然抬头对爸爸说。

“你不是一直都很喜欢画画吗？”

“可我现在不喜欢了。”

“能告诉我为什么吗？”

米乐犹豫了一下，还是决定告诉爸爸自己的想法：“我们那个绘画班里的同学画画都很好，有的同学会画好看的恐龙，有的同学会画好看的螳螂，只有我画得不好。”

“画得不好所以才要去学习啊。”

“我永远也画不好，我不想画了。”

“我觉得你需要换一种想法。你想想，你的同学画得好，证明老师教得好啊。那你学习一段时间后，也能像他们一样画得好的。”

“我可以吗？”米乐怀疑地问道。

“当然可以了，画画是需要多加练习的。你的同学已经学习了一段时间，我相信，你经过一段时间的学习与练习，也一定能有进步。”

“爸爸，您看我画的螳螂好看吗？”米乐将自己刚刚画好的画拿给爸爸看。

“这个螳螂很生动啊，比爸爸画得好多了。”爸爸一边说着，一边将自己画的画递到米乐眼前。

“哈哈哈，爸爸画的螳螂太搞笑了！”

情绪能量站

有些人在出错或失败时会给自己打上“不聪明”“不好”“不能”“永远做不到”的标签。这些极端化的词语会让人觉得自己的这些特征是无法改变的，认为自己永远也做不好。这是一种典型的非黑即白的思维方式。

非黑即白思维是一种消极的思维方式。在这样的思维方式下思考时，我们会认为事情要么全部是好的，要么全部是坏的，没有介于中间的阶段。但显然事实并非如此。

在这样的思维方式下，我们会变得消极，不自信，也不愿意去尝试新事物。而实际上，如果换一种思维方式，让想法不那么极端，那对事情的解决则会更有帮助。

你的极端想法就像拦路的一块大石头，让你误以为自己怎么也过不去。但实际上，只要你换一种想法，你就会发现，原来在石头旁边还有另外一条道路，你还有其他的选择。

挑战想法

如果你在遇到事情时也经常会产生各种消极的想法，认为自己永远也做不好、做不到，那就来尝试挑战一下你的非黑即白思维吧。你可以通过思考来衡量一下出现的问题是不是暂时性的，是不是可以改变的。

请你参照示例，将自己最近遇到的问题以及相对应的挑战想法写出来吧！

非黑即白思维	挑战想法
（示例 1：我唱歌太难听了。）	（示例 1：每个人都会有唱歌走调的时候。）
（示例 2：我不会打篮球。）	（示例 2：我需要努力练习，提高打篮球水平。）

第六章

应对突发事件的情绪

要离开家参加夏令营，好忐忑

放暑假之前，妈妈给米乐报了一个 7 天的夏令营，米乐很兴奋，每天都在期待着赶紧去。

明天就是去夏令营的日子了，今天米乐在家里收拾东西。她把衣服、袜子放进了自己的行李箱，然后又放了几本课外书、一些零食和玩具。

“还需要带些什么呢？”米乐看着箱子说。

妈妈拿了一些物品走过来，一边放到米乐的行李箱里，一边说：“把创可贴带上吧，万一受伤了还能应急；这个润肤露和护手霜也要带上，洗完脸和手之后记得要涂抹；还有这个最重要的平板也拿上吧，想爸爸妈妈的时候可以视频，别忘了给平板充电啊。”

听到妈妈的叮嘱，米乐开始忐忑了：“万一我受伤了怎么办？要是我想爸爸妈妈了怎么办？如果我做得不好被批评了怎么办……”

米乐之前的兴奋完全被忐忑、忧虑占据了，她开始担心自己跟其他小朋友相处不好，担心吃不好，担心在比赛中会输，越想越觉得可怕。“要不我不去了吧？”米乐试探性地征求妈妈的意见。

“你不是很想去吗？为什么不去了？”

“我有点儿害怕了，陌生的环境，还都是不认识的人。”

“米乐，你这么活泼可爱，妈妈相信你一定会跟小朋友们相处得很好的。去参加夏令营不是非要你赢得比赛，获得什么荣誉，而是一种成长，去体验另一种生活方式。夏令营里的老师和教官也会帮助你的，你不用有压力。”

“可这是我第一次离开家，我能做好吗？”

“米乐，独立生活其实没有你想得那么难，妈妈给你准备的这些物品也并不是都能用到，只是备上，让你在需要的时候用。妈妈知道，你因为没有经历过才会担心，但你想一想，你每天是不是都自己穿衣叠被系鞋带、自己看书、自己拿筷子吃饭？在跟朋友们玩耍的时候，你们是不是也玩得很开心？”

米乐回想自己这几天的生活，发现这些事情自己真的都做到了。她还经常帮助妈妈收拾屋子，一起抬重物。想到这儿，米乐慢慢地放下了心，她又开始期待夏令营活动了。

情绪能量站

对即将要去的陌生环境感到忐忑、焦虑，这是很正常的情绪反应。在这样的情绪状态下，我们需要调整自己的适应能力，以便更好地适应新环境。

适应能力主要指的是随着外界环境的改变，我们改变自身想法与行为的能力。这主要包括两个方面：一是我们内心对外在环境的认知，对环境变化的看法；二是我们的执行能力，即面对这样的环境，我们需要采取哪些行动来适应，以减少自己的忐忑不安感。

“我希望”练习

对于即将发生的事情，我们无法预测，但是我们可以将自己理想中的事情的发展方向写出来，并想一想如何做才能实现这种结果，然后用这种带有良好希冀的情绪面对即将出现的挑战。

你是否也曾经因为要参加夏令营或冬令营而感到忐忑不安？你是否也曾经因为某些活动而感到纠结？参考下面的示例，将你希望的事情的发展趋势以及自己的努力方向写下来吧！

（1）（例）因为要参加夏令营而感到忐忑，我希望可以跟夏令营里的同学成为好朋友，跟老师相处融洽。我要乐于帮助小伙伴，并遵守规则，按照老师和教官的要求做事。

（2）因为________________________________而感到____________________，我希望____________________。我要________________________。

（3）因为________________________________而感到________________________，我希望________________。我要________________________。

看到有人插队，要指出来吗

在夏令营的这几天，米乐过得很充实，虽然刚开始时和同学们都不认识，但是经过不到一天的相处，米乐已经和大部分人都成了好朋友。

不知不觉，7 天的夏令营活动很快就要结束了，今天是他们在夏令营的最后一天，吃完午饭，他们就可以收拾东西回家了。要与新交的好朋友分开，米乐依依不舍，她觉得这次的经历很愉快，可这时，一件令人不愉快的事情发生了：有人在米乐前面插队。

米乐很生气，可是插队的人个头比她大得多，她担心自己站出来指责对方的话会受到伤害。她环顾周围，同学们都在互相交谈，似乎并没有注意到有人插队。她只能默默地承受这份委屈，她甚至因为这一个小插曲而觉得整个夏令营的生活都糟透了。

就在米乐暗自抱怨时，一位老师走到米乐旁边，对着前面插队的男同学说：“这位同学，请你遵守规则，按顺序排队，不要插队。”

这位插队的男同学只好默默地走到了队伍末尾。

米乐感到很高兴，这段时间那些愉快的经历——野外训练、拓展游戏、小组创作等现在又都重新涌现在米乐的脑海中。虽然有时候很辛苦，但米乐觉得都很值得，也很开心。

情绪能量站

看见有人插队，我们会下意识地想要指出来，但是作为儿童，我们首先要学会保护自己。当然，这并不是让我们面对不公平的事情就袖手旁边。

有一个名词叫“破窗效应”，是说如果放任环境中的不良现象存在，人们就会效仿，甚至变本加厉。比如，一栋房子里的一扇窗户玻璃坏了，如果没有及时维修，可能就会出现更多的破坏者损坏其他窗户。如果有一个人插队没有被制止，那么很可能会有更多人去插队，忽视社会规则。

维护社会公德是每一个人的义务，但对于可能存在的危险，我们又会有畏惧心理。害怕和对方起正面冲突，并不是懦弱的表现。在保证自身安全的前提下能够维护社会公德，这才是真正的勇敢。如果忽视了自身的安全，这不是勇敢，而是莽撞。

对于别人插队这件事，我们可以不跟对方起正面冲突，而是寻求周围大人的帮助，比如保安、秩序维护员等，这样做既保护了自己，又维护了社会公共秩序。

愤怒情绪温度计

有时候看到别人做出违反规则的事情，比如践踏草坪、损坏学校公共设施、乱扔垃圾、作弊等，由于考虑到某些原因，我们可能不会去制止，但我们的内心会被道德感谴责，我们的情绪也会变得很低落。

不过，我想说的是，你要知道，别人做错事并不是你的错。希望下面的愤怒情绪温度计可以帮助你调整好自己的情绪。

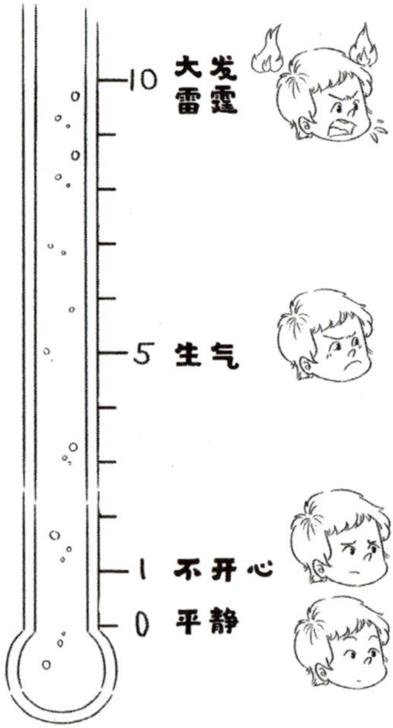

让你感到愤怒的事情	愤怒值	你的应对方式
（例）在食堂打饭的时候被插队	4	深呼吸，做运动
有人乱扔垃圾		
有人随意摘花坛里的花		

说好的假期旅游取消了，失望

米乐刚从夏令营营地回到家，爸爸妈妈就告诉了她一个好消息：过几天全家人要去北戴河旅游。

米乐太开心了，她一直都想去看看大海，想要光着脚在沙滩上跑，也想要捡很多很多的贝壳，还想要捞虾和螃蟹。

“爸爸妈妈，我们哪天去北戴河啊？”自从得知了这个消息，米乐每天都要问一遍。

“还有3天。”

“我们不能今天就去吗？”

“妈妈的朋友3天之后才有时间，我们也好久没见了，正好趁这次机会见个面，一起玩儿一玩儿。”

“那好吧！”米乐只能接受这个结果。

接下来的两天，米乐觉得时间过得好慢，她恨不能立刻飞到海边去。

可是一通电话就让米乐陷入了深深的失望中。在计划出发的前一天晚上，米乐和爸爸妈妈在收拾行李，妈妈还带上了送给朋友孩子的礼物，这时爸爸的手机铃声突然响了，原来是工作上的事情，需要爸爸去加班处理。

米乐担忧地问妈妈：“妈妈，我们还能去北戴河吗？”

“妈妈也不确定，我们等爸爸消息吧。”

过了一段时间，爸爸终于打来了电话，说是工作上有些问题需要处理，可能需要几天的时间，旅游的计划要取消了，还向米乐道了歉。

米乐很失望，虽然她知道爸爸不是故意爽约的，但心里还是忍不住抱怨爸爸。

妈妈安慰米乐：“妈妈知道你很失望，不只是你，我们都很期待这次出游的，可爸爸不是故意的，他也觉得很抱歉。”

“那我们什么时候才能去呢？”

“等爸爸忙过这一段时间，好不好？”

“那好吧。”

情绪能量站

生活中总会出现一些偶然因素影响我们的计划，这些意外事件的发生也超出了爸爸妈妈的预期，并不是他们期待的结果。所以，我们不能将旅游未成行的结果简单粗暴地归咎于爸爸妈妈。

心心念念的计划泡汤，你觉得失望难受是正常的。同样地，爸爸妈妈为了这次旅游也做了很多准备，他们也会觉得沮丧。跟爸爸妈妈聊一聊你的心情与感受吧。虽然这次因为一些事情耽搁了出行，但是之后若有机会，你们还是可以完成这次计划的。

接下来的几天虽然无法出去旅游，但是你仍然可以安排一些其他想做的事情。

尝试新活动

你有没有一直想要尝试的活动或想要做的有意思的事情？在原定计划突然取消的时候，将你想做的事情列个清单吧。例如：

列完清单后可以与爸爸妈妈商量一下，看看哪些活动的实现需要爸爸妈妈帮忙，然后根据实际情况列一个完成顺序，这样你的假期生活同样会过得充实而丰富的。

小狗狗离开了，我好伤心

这个暑假，米乐参加了不少有意思的活动，还练习了书法，并学会了一首钢琴曲。平时没事儿的时候，米乐就会跟丫丫一起玩。丫丫是米乐家里的小狗。米乐会带着丫丫去公园遛弯，跟丫丫一起玩飞盘游戏、听口令游戏等。

最近几天，丫丫的状态一直不太好，看起来有些精神不振、不爱动，而且吃得也很少。爸爸妈妈带丫丫去了宠物医院，回来之后告诉米乐：“医生说丫丫的身体已经不行了，我们这几天多陪陪它吧……”

米乐很伤心，抱着趴在墙角的丫丫大哭起来：“丫丫是我最好的朋友，我还要丫丫陪我玩！”

妈妈一边抚摸米乐的后背，一边安慰米乐：“米乐，妈妈知道你舍不得丫丫，得知这个消息，我们也很心痛。可是丫丫的年纪大了，身体要支撑不住了，这几天它一直都是蔫蔫的，很难受，你也看到了。”

过了一阵，米乐终于止住了哭泣，抬起头问妈妈：“妈妈，我还能为丫丫做些什么呢？”

“我们就多陪陪它吧。”妈妈为米乐的懂事感到欣慰。

这天晚上，丫丫还是永远地离开了。虽然爸爸妈妈已经给米乐打过预防针了，但是米乐不哭不闹的样子还是吓到了妈妈。

米乐坐在地上，一动不动地看着丫丫，妈妈担心米乐压抑自己的情绪会生病，便走到米乐的身边坐下，说道：“米乐，妈妈知道你很伤心，想哭就哭出来吧。丫丫陪了我们这么多年，它去世，妈妈也感到很伤心，呜呜呜……”说着说着，妈妈就开始哭了起来，米乐也不再憋着，号啕大哭起来。

这天夜里，米乐做了一个梦，梦到丫丫对她说：“米乐，我最好最好的朋友，我走了，我要回到汪星球了，希望你今后的日子也能天天开心，再见。”

第二天，妈妈带着米乐一起整理丫丫的物品，把用不到的东西都收到了箱子里。她们还一起翻看以前的照片，回忆跟丫丫在一起的日子。最后，妈妈还让米乐给丫丫写了一封信，与丫丫告别。

情绪能量站

宠物是家庭的一分子，也是我们的好朋友。但动物的寿命通常没有人类的寿命长，我们很可能会看着它出生，又看着它离世，这会让我们感到很难过。

但死亡是生命的一部分，每个生命最终都会死去。动物、植物和人类都是如此。我们要尝试着接受这个结果。

当失去心爱的宠物时，你可能会出现以下的情绪或行为：

→否认事实：你可能很难接受宠物已经死亡的事实，不相信甚至否认这件事。

→生气自责：你可能会觉得宠物死亡是你的责任，是你没有照顾好它，于是跟自己生气。

→自我欺骗：你可能会与事实讨价还价，自我欺骗，比如“如果今天我吃了早餐，宠物就没有死”。

→悲伤大哭：你可能会想要找个地方大哭一场。（其实这是一个不错的选择，把你的悲伤抒发出来，你会更快地走出来。）

→接受事实：你最终会接受这个事实，学会用自己的方式纪念它。

与宠物告别

为你的宠物举行一场告别仪式吧！为了纪念它，也为了让你重新振作起来。

◆写一封信，把你想对它说的话写出来。

◆写一篇日记，把你们相处中的甜蜜日常写出来。

◆种一棵树或者种一株花。

◆整理照片，释放悲伤情绪。

…………

附录 深呼吸小游戏

当我们感觉平静时，我们的身体会处于休息状态，此时我们的肌肉放松，呼吸正常，心率稳定；而当我们感觉有压力时，我们的身体会自动进入备战状态，此时我们的呼吸会变浅，心率会加快。

深呼吸可以使更多的氧气进入血液，从而在生理方面帮助我们平静下来。那么当我们情绪紧张时，要如何践行深呼吸法呢？以下几种方式你可以尝试一下：

1. 闻花香，吹蜡烛

吸气时，可以想象成是在闻一朵花；呼气时，可以想象成是在吹灭一根燃烧的蜡烛。

2. 横“8”字呼吸法

如下图，以中间为起点，一边吸气一边用手指沿着左下方的箭头移动，走完横“8”字的左边；当走到起点时呼气，然后一边呼气一边用手指沿着右下方的箭头移动，走完横“8”字的右边。

如此循环，直至心情平静下来。

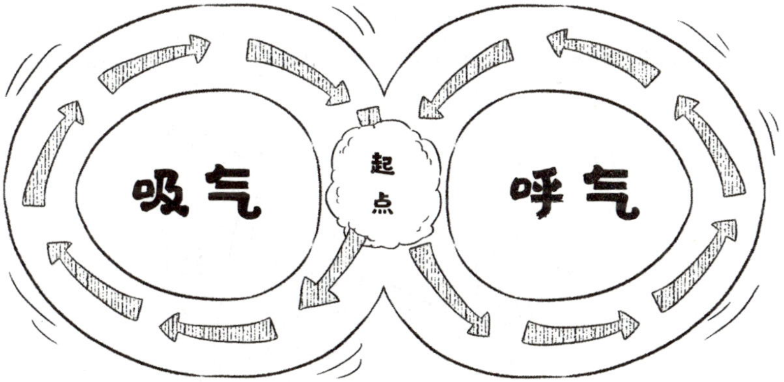

3. 星星呼吸法

如下图，从写有“吸气”的任意一边开始，一边吸气一边用手指沿着箭头移动，到顶点时保持 2 秒，随后一边呼气一边用手指沿着箭头方向移动。重复这个过程，直至走完整颗星星。

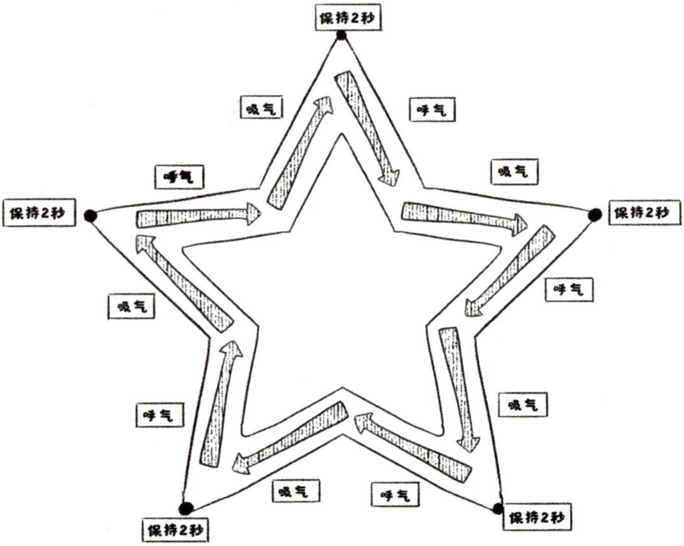